蛾类图谱

中国大兴安岭

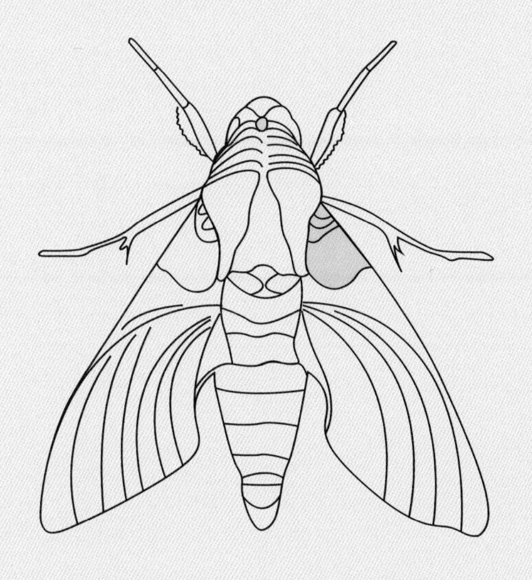

王凤霞　卢旭弘　主编

中国林业出版社

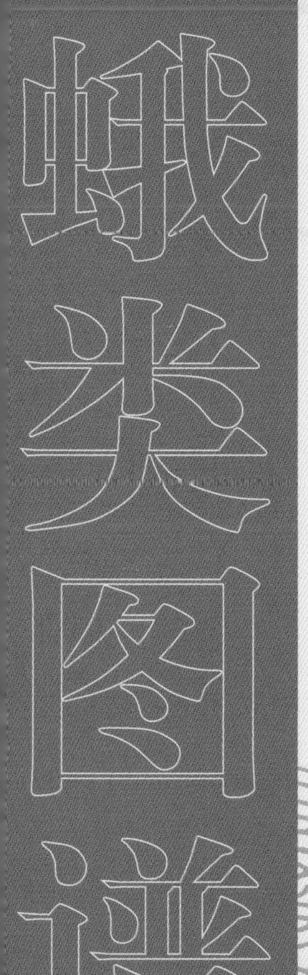

图书在版编目（CIP）数据

中国大兴安岭蛾类图谱 / 王凤霞，卢旭弘主编．-- 北京 ：中国林业出版社，2015.12
ISBN 978-7-5038-8049-0

Ⅰ．①中… Ⅱ．①王… ②卢… Ⅲ．①大兴安岭地区－鳞翅目－图集
Ⅳ．① Q969.420.8-64

中国版本图书馆 CIP 数据核字（2015）第 143638 号

出　　版	中国林业出版社(100009　北京西城区刘海胡同 7 号) 网址：lycb.forestry.gov.cn E-mail:forestbook@163.com　电话：(010)83143543
发　　行	中国林业出版社
设计制作	北京捷艺轩彩印制版技术有限公司
印　　刷	北京中科印刷有限公司
版　　次	2015 年 12 月第 1 版
印　　次	2015 年 12 月第 1 次
开　　本	787mm × 1092mm 1/16
字　　数	150 千字　插图约 280 幅
印　　张	8.5 印张
定　　价	60.00 元

《中国大兴安岭蛾类图谱》编委会

主　编　王凤霞　卢旭弘

副主编　赵启凯　魏　力　高丽敏　盛平友　李　波

编　委　（按姓氏笔画为序）

马吉军　马春辉　王凤霞　王　永　卢旭弘
孙凤娇　孙锡宏　刘　华　刘亚龙　李　波
李立琦　李晓平　许铁军　曲文清　朱建军
吴　群　孟庆友　单立忠　张海龙　赵加丰
郭　平　侯宪民　高丽敏　徐怡达　陶　贺
崔峥屹　盛平友　梅　静　梁继国　韩亚珍
韩福洲　鲍广源　魏　力

标本鉴定　李成德　韩辉林

巍巍兴安，莽莽林海。在祖国的东北边陲有一片浩瀚的森林。

这里曾经是国家重要的商品林基地，自 1964 年开发建设以来，累计生产木材 1.1 多亿立方米，上缴利税 38 亿元，为国家的经济建设做出了巨大的贡献。

这里是国家重要森林生态功能区，自 1998 年实施天然林资源保护工程以来，开始了实施生态战略和建设生态林区的战略构想，特别是 2011 年正式划入水源涵养型国家森林生态功能区后，加强了生态环境保护，促进生态修复，禁止非保护性采伐，进而全面停止主伐，植树造林，保护野生动物，开展以中幼林抚育为重点森林经营，一个以森林生态为主体，集森林生态、湿地生态、水域生态、草原生态、动物生态为一体的优良生态功能区正在形成。

这里属典型的寒温带大陆季风气候，冬季干燥寒冷而漫长，夏季温凉湿润而短促；这里山岭相连，山体浑圆，东陡西缓，广泛分布着棕色针叶林土，土层较浅薄、肥力较低弱；这里植物种类较为贫乏，野生维管束植物仅有 900 余种，属于东西伯利亚植物区系，建群树种或优势树种为兴安落叶松、白桦、樟子松等，其间混生着红皮云杉、鱼鳞云杉等树种。由此形成了特别重要生态区位，巨大的山体和广袤的森林，抵御着西伯利亚和蒙古高原旱风的侵袭，使来自东南方的太平洋暖湿气流在此涡旋，为松嫩平原和呼伦贝尔大草原营造出适宜的生态环境。

这里属于动物区系的古北界—东北亚界—东北区—大兴安岭亚区 – 大兴安岭北部省，动物区系的组成比较简单，但特别适应此环境的动物种类在数量上却比较丰富。在寒温性针叶林生态系统中形成了以落叶松害虫和樟子松害虫为主的昆虫区系，它们与寄主植物在漫长的进化过程中相互依存、相互排斥、相互适应。落叶松害虫有落叶松毛虫、落叶松鞘蛾、落叶松球蚜、杉茸毒蛾、黑地狼夜蛾、落叶松尺蛾、松瘿小卷蛾、松皮小卷蛾、落叶松种实小卷蛾、黑胸球果花蝇、落叶松种子小蜂、落叶松八齿小蠹、云杉小黑天牛、长角小灰大牛等；樟子松害虫主要有樟子松扁叶锋、樟子松干蚧、松十二齿小蠹、松六齿小蠹、云杉小黑天牛、长角灰天牛、长角小灰天牛、松幽天牛、云杉光胸幽天牛等。随着人为开发利用以及火灾等自然灾害的影响，这里的森林昆虫群落开始从原始林类型向次生林类型甚至向人工林类型转变，黄褐天幕毛虫、稠李巢蛾、舞毒蛾等害虫在个别年份严重发生；这里的森林昆虫种类开始从蛀干害虫为主向食叶害虫为主转变，以1990年首次发现并暴发成灾的落叶松毛虫为标志。

这里的森林昆虫区系研究始于20世纪70年代，东北林业大学、黑龙江省林业科学研究院、中国科学院、中国林业科学研究院、国家林业局森林病虫害防治总站等相关教学、科研单位的专家对这一区域森林昆虫进行了种类调查和区系研究，特别是1980、1989、1998、2003年开展的林业有害生物普查（我有幸参加了1989年阿木尔、塔河、十八站和韩家园林业局的普查工作），共记载森林昆虫11目87科444种，基本搞清了这一区域森林昆虫的本底情况，积累了大量的标本和图文资料。大兴安岭森林病虫害防治检疫总站组织人员，经过几年的不懈努力，先后出版了《大兴安岭森林昆虫图谱》和《大兴安岭林木病害》，在此基础上，这次又编辑了《中国大兴安岭蛾类图谱》，翔实记述了这一区域20科259种蛾类昆虫的分布、寄主和形态特征，并配有标本实体彩图。《图谱》的出版对于从事林业有害生物防治检疫及科学研究的工作者是一本不可多得参考书，对于目前正在开展的第三次全国林业有害生物普查工作是一本重要的工具书。

值此《图谱》出版发行之际，我乐意为之作序，以示祝贺，并乐意将此书介绍给大家。

宋玉双

2015年10月7日

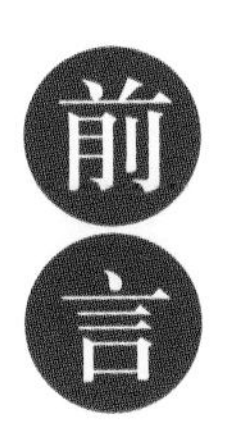

前言

黑龙江大兴安岭林区位于北纬50°11′～53°33′、东经121°12′～127°00′之间，是中国最北、纬度最高的边境地区，平均海拔573米，年平均气温-2.6℃，极端最低气温-52.3℃，年平均降水量428.6~526.8毫米，全年无霜期80~110天，冰封期180~200天。现有林地面积678.4万公顷，森林覆盖率81.23%，活立木蓄积5.38亿立方米。大兴安岭林区是国家生态安全重要保障区和木材资源战略储备基地，也是我国唯一的寒温带明亮针叶林区和寒温带生物基因库。近些年，由于气候异常、旅游贸易等诱发因素增多，导致我区林业有害生物的发生面积居高不下，此起彼伏，危害日趋加重。如此严峻的高发态势给我区森林生态系统造成了巨大威胁，同时，给我区林业有害生物防治工作提出了前所未有的挑战，也彰显出我区森保工作者肩负责任的重大。

为了能够满足我区林业有害生物防治工程技术人员工作需要，更好地完成我区林业有害生物防治工作，2005~2008年，我们借助于松材线虫病监测调查工作，汇总整理连续多年的林业有害生物监测调查资料，先后出版了《大兴安岭森林昆虫图谱》《大兴安岭林木病害》。由于《大兴安岭森林昆虫图谱》一书中录入的蛾类种类较少，不能满足于现实工作的需要。从2009年开始，我们着手准备《中国大兴安岭蛾类图谱》一书的出版工作。经过全区森防站线全体技术人员历时五年的标本采集和制作，完成了该书标本的搜集工作。因大兴安岭森林昆虫世代少，有的一年一代，有的两年一代，而且达到发生程度的种类和数量不多。再加上适合采集标本的季节较短，遇上连续阴雨天等不利因素，采集标本的外业时间更加缩短。所以标本的采集工作十分困难。同时，制作标本的技术人员的水平有限，在标本的数量和质量上存在一定缺陷，影响了该书的内容和质量。

《中国大兴安岭蛾类图谱》一书录入了大兴安岭区蛾类20科259种标本的成虫照片，同时描述了其形态、寄主、分布等内容。其中两种螟蛾

Nascia ciliclis (Hubner)、*Tabidia strigiferalis* Hampson,1900 为中国新记录种。该书中夜蛾科标本由东北林业大学韩辉林教授帮忙鉴定，其他科标本由东北林业大学李承德教授帮忙鉴定。为了方便我区专业技术人员查阅，本书的分类系统仍沿用老的分类系统。该书能够顺利完成，得益于李承德教授、韩辉林教授的大力支持和帮助，也得益于大兴安岭全体森保技术工作者所付出的辛苦和努力，在此，对指导、支持、帮助完成本书出版工作的专家教授及全区所有付出辛苦努力的专业技术人员一并表衷心的感谢！

《中国大兴安岭蛾类图谱》的出版，是对《大兴安岭森林昆虫》《大兴安岭林木病害》的补充，进一步丰富完善了大兴安岭林区森防技术人员的专业工具书，为大兴安岭林区更好地开展林业有害生物防治工作奠定了基础。

由于编写人员水平有限，书中难免存在错误之处，敬请读者批评指正。

编　者

2015 年 10 月

目录 CONTENTS

大蚕蛾科 Saturniidae

体型粗大，两翅展可达120毫米，是蛾类中最大的一类，有些种类两条尾带长达数寸，飞翔起来益增舞姿。由于体型大，色泽鲜艳，有人曾誉名为“凤凰蛾”。这类昆虫的一个特点，就是身体特别大，应称为“大蚕蛾”。成虫翅上一般有不同形状的眼斑，喙不发达，无翅缰，但后翅的肩角发达，某些种的后翅上有飘带状燕尾。一般雄蛾比雌蛾体型稍小些，常夜间活动，但雌蛾飞翔能力不强。多以卵越冬。幼虫体粗大，色彩鲜艳，体上多刺，幼期有吐丝下垂随风飘荡换寄主部位的习性。在亚洲地区大约有50余种，我国记载的有40余种，大部分在野外树林中生活，其中有若干种已人工饲养或放养，如柞蚕、樟蚕、樗蚕等，在我国具有悠久历史。

绿尾大蚕蛾 *Actias selene ningpoana* Felder

形态 翅展122毫米左右。体粉绿白色，头部，胸部及肩板基部前缘有暗紫色深切带；翅粉绿色，基部有白色茸毛，前翅前缘暗紫色，混杂有白色鳞毛，翅的外缘黄褐色，外线黄褐色不明显；中室末端有眼斑一个，中间有一长条透明带，外侧黄褐色，内侧内方橙黄色，外方黑色；翅脉较透明，灰黄色；后翅也有一眼斑，形状颜色与前翅上的相同。只是略小些，后角尾状突出，长4厘米左右。一年发生两代，少数地区三代，成虫5月、7月及9月间出现，每雌可产卵二、三百粒，以蛹在茧内附着在树干或其他物体上过冬。

寄主 枫杨、柳、栗、乌桕、木槿、樱桃、核桃、苹果、樟、桤木、梨、沙枣、杏。

分布 大兴安岭：全区；河北、河南、浙江、湖南、江西、广东、福建、广西、台湾。

丁目大蚕蛾 *Aglia tau amurensis* Jordan

形态 雄翅展 65 ～ 70 毫米。体翅茶褐色，胸部色稍浓，腹部灰黄色；前翅有较深色的内线及中线，内线内侧伴有灰白色线条，中室端部有长圆形黑色斑一块，斑的中间有白色"丁"字形纹；外线暗褐色，外侧有同行的灰白色线；顶角有灰褐色斑一块；后翅中部有较大的椭圆形紫蓝色斑一块，中间有"丁"字形白色纹，外围圈棕黑色；外线弓形，暗褐色，外侧灰白色，近顶角处有灰白色斑。每年发生一代，成虫 5 月间出现，以蛹附着于寄主上的丝茧上过冬。雄蛾白天活动，雌蛾常栖息于树干上或地上。

寄主 桦树、栎、山毛榉、桤木、椴、榛。
分布 大兴安岭：松岭、加格达奇、图强；黑龙江、辽宁、吉林；日本、朝鲜、俄罗斯。

柞蚕蛾 *Antheraea pernyi* Guérin-méneville

形态 翅展 110 ～ 130 毫米。体翅黄褐色，肩板及前胸前缘紫褐色；前翅前缘紫褐色，杂有白色鳞毛，顶角突出较尖；前翅及后翅内线白色，外侧紫褐色，外线黄褐色，亚端线紫褐色，外侧白色，在顶角部位白色更明显，中室末端有较大的透明眼斑，圆圈外有白色、黑色及紫红色线条轮廓；后翅眼斑四周黑线明显，其余部位与前翅近似。柞蚕在 3000 年前我国古书上已有记载，原产山东；柞蚕丝是衣服及其他工业原料，后来逐步推广到全国，19 世纪传入欧洲。一年发生两代，成虫于 4 月及 6 月间出现，以蛹在丝茧中过冬。

寄主 柞树、栎、胡桃、樟、山楂。
分布 大兴安岭：加格达奇、韩家园；黑龙江、吉林、辽宁、河北、山东。

半目大蚕蛾东亚亚种 *Antheraea yamamai ussuriensis* Schachbazov

形态 头部棕红色；雄性触角羽状，雌性丝状。胸、腹部米黄至灰黄色，领片多灰白色。前翅棕黄至灰黄色的宽大三角形；前缘近顶角 1/4 处强烈弧形；外缘在臀角区弧形明显，近顶角区略内凹；内横线棕灰至棕红色，中室后缘前多不显，由中室后缘波浪形弯曲至后缘；中横线灰黄色至棕红色，多模糊，波浪形内斜，多在翅脉上成角状内突；本亚种外横线极淡或不显，如显多较中横线色淡，且与亚缘线平行；亚缘线黑色粗线，外侧伴衬白色，由前缘近顶角内斜至后缘；前缘区基半部密布灰白色鳞片带，由内至外渐细；肾状纹为具有黑色边框的瞳状，中央为白色瞳仁，其内侧伴衬粉红色，外侧伴衬米黄色；环状纹大环形，内侧和前侧边框可见，根据个体不同色泽差异很大，多同内横线，且与肾状纹相交。后翅底色多同前翅，且宽圆；中线棕灰至棕红色，由前缘内向弧形内斜至 Cu1 脉再弯折至后缘；外线色同前翅亚缘线，由前缘近顶角内向弧形至 R5 脉，再外向弧形弯曲至后缘；新月纹为具有黑色外框色瞳状，前侧边框呈一耳状突起，瞳仁为白色圆斑，其外侧套粉红色，内侧伴衬白弧，外侧半侧米黄色。

寄主 柞树。
分布 大兴安岭：加格达奇；黑龙江、辽宁、吉林；朝鲜半岛、俄罗斯远东、日本。

合目大蚕蛾 *Caligula boisduvalii fallax* Jordan

形态 翅展 75～90 毫米。体黄褐色，颈板灰白色，胸部后端色稍淡；前翅前缘褐色，杂有白色鳞片，基部及内线褐紫色，外线暗褐色，接近后缘处与内线靠近，外线外侧各脉间暗褐色，形成波状纹的亚端线，端线与缘毛黄褐色，顶角有一黑斑；前翅及后翅的中室端有紫褐色眼形斑一个，中间棕黑色，近内侧有弧形白纹，外围有黑线轮廓。一年发生一代，成虫 10 月间出现，以卵过冬。

寄主 栎、椴、榛、胡枝子、核桃楸等落叶树。
分布 大兴安岭：加格达奇、新林、十八站、韩家园；黑龙江、内蒙古；俄罗斯。

蔷薇大蚕蛾 *Eudia pavonia* Linnaeus

形态 雌翅长 30～35 毫米，体长 25 毫米。头灰褐色，触角黄褐色，长双栉形，颈部有白色宽横带，胸部棕色，两侧有长绒毛，腹部呈灰白色，各体节间灰褐色，雌蛾体、翅灰褐色。前翅前缘灰白色，翅基部至内线间呈暗褐色长方形斑，内线紫红色，中线棕黑，外线棕黑色较弯曲呈双行，两线间白色，亚外缘线白色较宽，外缘棕灰色；顶角内侧稍上方有黑纹，黑纹下方紫红色；中室端有眼形斑，斑的外层黑色，内层金黄，中间有眸形黑点，靠内侧有一初月形土黄色线形纹。后翅黄色，中室眼形斑的形状及色纹与前翅相同，但略小于前翅。雄性身体棕黄，触角棕色。前翅黄褐色，各线色浅呈棕灰；后翅上的眼形斑明显小于前翅斑，前翅上眼斑内、外的白色区域也较雌性大。前、后翅反面的色及斑与正面近似，只是颜色稍浅呈灰白色，各线纹更为清晰，翅脉灰黑色更明显。

寄主 柳、蔷薇、黑刺李、杏、李、樱桃。
分布 大兴安岭：加格达奇；黑龙江、新疆；欧洲。

桦蛾科 Endromidae

前翅脉 M2 与 M3 接近；后翅 Sc+R1 弯曲与 Rs 接近；翅缰不发达。身有长毛，触角双栉形，喙不发达，下颚须短小。幼虫危害桦、桤、榛、鹅耳枥等属植物。

桦蛾 *Endromis versicolora* (Linnaeus)

形态 翅展雌 78 毫米，雄 65 毫米左右。触角黑色，颈灰白色（雌）、褐色（雄），胸、腹有长毛，雄红棕色，雌灰黄色，腹部有黑色横纹；前翅雄红棕色，雌灰黄间褐色，中线弯曲，内线较直，中室外侧有一黑色“人”字纹，顶角有三块三角形白斑，由小而大，中脉及肘脉外端白色；后翅中线棕白相间，中部向外突出，中室外侧有一模糊的“人”字纹，中线外棕色间白色半球纹。卵长圆形，玫瑰红色；幼虫幼小时体色较暗，有白色细横纹，胸侧有侧线，腹节上有青色斜纹，向后方倾斜，5～7月间发生，在地上或地下做丝茧化蛹过冬，蛹黑色；成虫 5、6 月间出现，夜间活动，飞翔力强。

寄主 红松。其他不详。
分布 大兴安岭：韩家园；黑龙江；欧洲。

钩蛾科 Drepanidae

本科身体中小型，翅宽，腹部较细，很似尺俄。此科种类不多，我国纪录约 60 种左右，盛产于东南亚及我国一带。主要特征是：喙和唇须不发达；前翅顶角一般呈钩状，M2 脉多靠近 M3 脉，R2-5 脉共柄；后翅 Rs 脉同 Sc+R1 脉在离中室后有一段接近或完全愈合，2A 脉发达，3A 脉退化；有翅缰；两翅中室均为角室。幼虫多无臀足，尾节通常有长的突起；结茧于叶片中。幼虫大都是林木、果树及农作物害虫。

赤杨镰钩蛾 *Drepana curvatula* (Borkhauser)

形态 翅展 31 ～ 39 毫米。体色焦枯至暗黄褐色；前翅顶角弯曲呈镰刀状，顶角下方紧贴外缘有一黑色弧形线；前、后翅各有 5 条波浪状斜纹，其中以自内向外数第三条最清晰，从顶角倾斜到后缘 2/3 处，与后翅相应的一条衔接；前翅横脉处有两个黑点，中室也有小黑点一个；后翅中室及其上方各有黑点一个。

寄主 赤杨、青杨。

分布 大兴安岭：加格达奇、塔河、十八站、韩家园；黑龙江、河北；日本。

箩纹蛾科 Brahmaeidae

本科为大型蛾类，种类很少，已知仅十余种，分布于非洲及亚洲南部和东部，与大蚕蛾相似，但喙发达，下唇须长大，向上伸，触角两性均双栉形。翅色较浓，有许多箩筐条纹或波状纹。根据幼虫特征可分为两属：*Brahmaea* 及 *Brahmophthalma*，从成虫来看亦有显著区别，即 *Brahmophthalma* 前翅中带后方有一圆球形斑纹，此属分布于华南及东南亚一带；而 *Brahmaea* 前翅中带为长卵形斑纹组成，主要分布于旧北区。蛹与天蛾蛹相似。幼虫主要寄生在木犀科植物上，为森林害虫。

黄褐箩纹蛾 *Brahmaea certhia* (Fabricius)

形态 翅展 110.1 ~ 110.6 毫米。棕褐色；前翅中带由 10 个长卵形横纹组成，中带内侧为 7 条波浪纹，褐色间棕色，翅基菱形，棕底褐边，中带外侧为 6 条箩筐编织纹，浅褐间棕色，翅顶淡褐色有 4 条灰白间断的线点，外缘浅褐，有一列半球形灰褐斑；后翅中线白色，中线内侧棕色，外侧有 8 条箩筐纹，外缘褐间黑色；头部及胸部棕色褐边，腹部背面棕色。

寄主 木犀科植物。

分布 大兴安岭：韩家园；黑龙江、浙江及华中、华北等省份。

灯蛾科 Arctiidae

多为小至中型蛾，少数为大型蛾。身体较粗壮。色彩较鲜艳，通常为黄色或红色，多具条纹或斑点，有的种类具有金属光泽，大体上灯蛾亚科的旧北界种类比东洋界种类的色泽更为鲜艳、光亮。苔蛾亚科及瘤蛾亚科无单眼，其他亚科有单眼。前翅 M2、M3 与 Cu 脉相近，形成 Cu 似有 4 分支，后翅 Sc+R1 与 Rs 在中室中部或以外有一长段并接。成虫多在夜间活动，趋光性较强，休息时常将翅褶叠成屋脊状。有些种类在色泽花纹上雌雄两性变异较大，苔蛾亚科很多种类的雄蛾前翅常具第二性征的香鳞。瘤蛾亚科成虫前翅具有竖鳞。

幼虫多具有长而密的毛簇，着生于毛瘤上，常为褐色或黑色。瘤蛾亚科幼虫只有 4 对腹足，其他亚科幼虫有 5 对腹足，腹足趾钩为单序异形中带。幼虫多为杂食性，苔蛾亚科多以地衣苔藓为食。老熟幼虫作茧化蛹，茧由体毛和丝组成，化蛹地点多在地面枯枝落叶下或苔藓间。

灯蛾科共分 5 个亚科：①瘤蛾亚科 Nolinae；②苔蛾亚科 Lithosiinae；③灯蛾亚科 Arctiinae；④丽灯蛾亚科 Callimorphinae；⑤蝶灯蛾亚科 Nyctemerinae。

本科在全世界估计有 4000 余种，中国记录 300 余种。

黑纹北灯蛾 *Amurrhyparia leopardinula* (Strand)

形态 雄翅展38～44毫米。头、胸褐黄色，下唇须、触角黑褐色或褐色，腹部黄色、背面及侧面具有黑点列；前翅黄色，一黑色亚基短带位于2A脉上方、但有时缺乏，中室中部及Cu2脉基部下方有一较长的黑带，中室上角一黑点，下角二黑点，M2脉中部具一黑色短带，Cu1脉中部具一黑色短带，Cu1至Cu2脉下方间具黑点带；后翅底色黄，染红色，中脉具黑带，在Cu2脉处分叉，2A脉基半部具一黑带，横脉纹黑色，亚端点黑色、位于M2、Cu2及2A脉上，缘毛黄色。

寄主 小麦。
分布 大兴安岭：加格达奇；黑龙江、山西、甘肃、青海、西藏；叙利亚。

黑纹北灯蛾（雄）

黑纹北灯蛾（雌）

豹灯蛾 *Arctia caja* (Linnaeus)

形态 翅展58～86毫米。此种颜色及花纹变异很大。头、胸红褐色，触角基节红色，触角上方白色，颈板前缘白色、后缘红色，腹部红色或橙黄色，背面除基部与端部外具黑带，腹部腹面黑褐色；前翅红褐色，亚基线白带在中脉处折角，与基部不规则白纹相连，前缘在内线与中线处有白斑，外线白带在中室下角外方折角，然后斜向后缘，亚基带与外带在2A脉上方有一白带相连，亚端带白色、从翅顶前斜向外缘，在M2脉上方折角然后斜向外线，再斜向外缘；后翅红色或橙黄色，翅中央近基部有蓝黑色大圆斑，亚端线为3个蓝黑色大圆斑。幼虫黑色，刚毛很长、黑或灰色；每年发生一代，以幼虫于杂草落叶下越冬，早春为害桑叶最烈。

寄主 甘蓝、桑、菊、蚕豆、醋栗、接骨木、大麻等。
分布 大兴安岭：加格达奇、松岭、新林、呼中、韩家园、图强、阿木尔、西林吉；黑龙江、辽宁、吉林、河北、内蒙古、河南、新疆；日本、朝鲜、美国，欧洲等。

砌石灯蛾 *Arciti flavia* (Fuessly)

别名 砌石灯蛾

形态 雌翅展 65 ～ 72 毫米。头、胸黑色，颈板前方具黄带，翅基片外侧前方具黄色三角斑，腹部黄色，背面基部黑色，背面中央具黑色纵带，腹部末端及腹面黑色；前翅黑色，内线黄白色，在中室处有一黄白带与翅基部相连，内线至外线间的前缘黄白色边，后缘在内线至臀角黄白色边，外线黄白色，在 M3 脉处折角，亚端线黄白色、斜向外缘 M2 脉上方折角、再向内于 Cu1 脉上方与外线相接，然后外斜至臀角，缘毛黄白色；后翅黄色，横脉纹黑色，亚端线为一黑色宽带，其中间断裂。老熟幼虫黑色，具灰黄色毛，毛疣暗色，刚毛顶端白色，白天隐蔽，夜间取食。

寄主 栒子属植物。

分布 大兴安岭：十八站、图强、塔河、韩家园；河北、内蒙古、新疆；俄罗斯（西伯利亚）、蒙古，欧洲。

砌石灯蛾（雄）

砌石灯蛾（雌）

白雪灯蛾 *Chionarctia nivea* (Ménétriès)

别名 白灯蛾

形态 翅展雄 55 ～ 70 毫米，雌 70 ～ 80 毫米。白色；下唇须基部红色，第三节红色，触角分支黑色，前足基节及前、中、后足腿节上方红色；腹部除基部及端部外，侧面有红斑，背面与侧面具一列黑点。幼虫身体红褐色，具较暗的节间带，有灰黄色长毛。

寄主 高粱、大豆、小麦、黍、车前、蒲公英等。

分布 大兴安岭：加格达奇、十八站、韩家园、图强、西林吉；黑龙江、辽宁、吉林、河北、内蒙古、陕西、河南、山东、浙江、福建、湖北、湖南、广西、四川；日本、朝鲜。

排点灯蛾 *Diacrisia sannio* (Linnaeus)

别名 排点黄灯蛾

形态 翅展 37 ～ 43 毫米。雄蛾黄色；头暗褐色，触角干上方红色，腹部浅黄色、染暗褐色；前翅前缘暗褐色，向翅顶红色，后缘具红带，中室端具红和暗褐斑，缘毛红色；后翅浅黄色，基部通常染暗褐色，横脉纹暗褐色，亚端点为一排成弧形的暗褐色斑点，缘毛红色；前翅反面基半部染暗褐色，外带暗褐色。雌蛾橙褐黄色；下唇须、额、触角红色，翅脉红色，前翅中室端有或多或少的暗褐色斑，后翅基半部染黑色，中室端具黑斑，亚端线为一列黑斑，腹部背面和侧面一列黑点。幼虫褐色，毛瘤黑色，刚毛褐色，背线赭或橙色，气门赭或白色，头暗褐色。

寄主 欧石南属、山柳菊属、山萝卜属等植物。

分布 大兴安岭：加格达奇、塔河；黑龙江、辽宁、吉林、河北、内蒙古、山西、甘肃、新疆、四川；日本、朝鲜、俄罗斯（西伯利亚），欧洲。

饰龟灯蛾 *Hyphoraia ornata* (Staudinger)

形态 翅展雄 42 毫米。雄蛾头红褐色，颈板、翅基片黄色，颈板具黑点，触角黑色，下唇须红色、顶端黑色，翅基片及胸具黑带，下胸红褐色，足红与黑色，腹部褐黄色具黑，背带、侧面一列黑点；前翅黑褐色，基部一大黄斑达中室中部内，其上有 3 个小黑点，中线黄斑位于前缘下方至中室端半部，另一个位于亚中褶上，外线黄斑位于前缘下方至 6 脉以及 2 脉与 3 脉之间一个黄点，亚中褶处一黄斑，翅顶前在前缘下方一黄纹，端区黄斑 5 个、从 6 脉达臀角，上面 3 个较小不达端线处，反面前缘翅脉及端线暗红色；后翅黄白色，内半中室下方具暗褐斑，黄脉纹暗河色，亚端线暗褐色，在 3 脉处稍断裂。外线暗褐斑从翅顶至 2 脉，向内放射。缘毛黄色，反面前缘区、外半翅脉及端线暗红色。

寄主 不详。

分布 大兴安岭：韩家园；内蒙古（大兴安岭）；蒙古。

车前灯蛾 *Parasemia plantaginis* (Linnaeus)

形态 翅展36～46毫米。雄蛾头、胸黑色，下唇须橙色，触角基节黄色，颈板边缘黄色，翅基片具黄色边缘，腹部橙色，背面具黑色宽纵带，侧面、亚侧面及腹面具黑点列；前翅黑色，前缘基半部橙色，中室下方具一不规则黄白纵带，内线与基线黄点位于前缘上，中室端一黄白斑通常与前缘相接，外线为不规则黄白斜带，自前缘至Cu2脉，通常以一斜纹与中室下方纵带相连，翅顶前有一黄白短带向外弯至M1脉，然后在M3脉处与外带相连；后翅白色，中脉及2A脉下方有黑带，横脉纹黑色，黑色亚端点位于M2及Cu2脉上，端线为黑色不规则宽带。雌蛾前翅斑纹橙色；后翅黑色，斑纹橙色。幼虫黑色，刚毛黑色或暗褐色，头黑色。

寄主 车前、落叶松、蔓樱草。
分布 大兴安岭：加格达奇、新林；黑龙江、辽宁、吉林、内蒙古、山西、青海、新疆、四川；日本、俄罗斯、美国、加拿大，欧洲。

车前灯蛾（雄）

车前灯蛾（雄）

斑灯蛾 *Pericallia matronula* (Linnaeus)

形态 翅展74～92毫米。头部黑褐色、有红斑，下唇须下方红色、上方与顶端黑色，触角黑色、基节红色，胸部红色、具黑褐色宽纵带，颈板及翅基片黑褐色、外缘黄色；腹部红色，背面与侧面一列黑斑，亚腹面具一列黑斑；前翅暗褐色，中室基部有一块黄斑，前缘区具3～4个黄斑，Cu2脉上有时具黄色外线斑；后翅橙色，横脉纹黑色新月形，中室下方有不规则的黑色中线斑，中室外一列黑斑、中间断裂。幼虫暗褐色，毛簇红褐色。

寄主 柳、忍冬、车前、蒲公英。
分布 大兴安岭：加格达奇、新林、西林吉、韩家园；黑龙江、辽宁、吉林、河北；日本、俄罗斯，欧洲。

亚麻篱灯蛾 *Phragmatobia fuliginosa* (Linnaeus)

别名 亚麻灯蛾

形态 翅展 30 ～ 40 毫米。头、胸暗红褐色，触角干白色，腹部背面红色、背面及侧面各有一列黑点、腹面褐色；前翅红褐色，中室端 2 黑点，后翅红色、散布暗褐色，中室端 2 黑点，亚端带黑色、有的个体断裂成点状，缘毛红色。幼虫暗灰或褐色刚毛褐色、红色或赭色，头部黑色。

寄主 亚麻、酸模、蒲公英等。

分布 大兴安岭：加格达奇、新林；黑龙江、辽宁、吉林、内蒙古、河北、新疆、青海、甘肃；日本、加拿大、美国，欧洲、西亚等。

黄灯蛾 *Rhyparia purpurata* (Linnaeus)

别名 伪浑黄灯蛾。

形态 翅展雄 40 ～ 44 毫米，雌 48 ～ 52 毫米。黄色；下唇须、额、触角及胸足褐色，下唇须下方基部红色，腹部背面与侧面具黑点列；前翅内线、中线、外线及亚端线具有或多或少的灰褐色斑点列、在前缘的斑点较大；后翅红色，后缘及缘毛黄色，内线为一斜列黑纹或黑点，横脉纹黑色、新月形，亚端线 3 个黑斑；二翅反面染红色，前翅反面中室具黑色内线点，中线及外线黑纹明显，横脉纹黑色，后翅反面内线黑纹及臀角上方黑斑明显。幼虫黑色，毛簇棕色，两侧的刚毛黄色，背面与侧面具黄带。

寄主 车前、艾。

分布 大兴安岭：加格达奇、松岭、十八站、阿木尔、韩家园；黑龙江、辽宁、吉林、新疆；朝鲜、日本、法国、瑞士、德国、意大利、希腊。

黄星雪灯蛾 *Spilosoma lubricipedum* (Linnaeus)

别名 星白雪灯蛾、星白灯蛾

形态 翅展 33 ～ 46 毫米。白色，下唇须、触角暗褐色，足具黑纹，腿节上方黄色，腹部背面除基节和端节外黄色，背面、侧面和亚侧面各有一列黑点；前翅黑点或多或少，黑点数目个体变异极大，每个标本不尽相同，前缘下方具有基点及亚基点，内线点和中线点在中脉处折角，中室上角一黑点，其上方一黑点位于前缘处，外线点在中室外向外弯，从翅顶至5脉有一斜列点，短的亚端点自3至5脉，5脉上方和2脉下方有时有端点；后翅通常有横脉纹黑点，有时具亚端点位于翅顶下方、5脉上方及2脉下方。卵浅黄色。幼虫黑褐色，具有暗褐色刚毛，背线橙黄色，气门白色，头黑色。蛹黑色。

寄主 甜菜、桑、薄荷、蒲公英等。

分布 大兴安岭：十八站、韩家园；黑龙江、吉林、河北、山西、陕西、江苏、湖北、广西、四川、贵州、云南；日本、朝鲜，欧洲。

污灯蛾 *Spilarctia lutea* (Hüfnagel)

形态 翅展31～40毫米。黄色；额两边黑色，下唇须上方黑色、下方红色，腹部背面黄或红色；前翅内线在前缘处一黑点、在2A脉上方一黑点，中室上角一黑点，翅顶至M2脉上方有时有一斜列黑点，2A脉上、下方各有一黑点，位于臀角前，斜列黑点的下方，反面横脉纹黑色，M2脉至Cu2脉有一斜列黑点；后翅色稍淡，中室端一黑点，臀角上方有时有黑点。幼虫灰或褐色，刚毛褐色，背线有时白，头灰黄色。蛹红褐色，以蛹越冬。

寄主 酸模属、车前属及薄荷属等。

分布 大兴安岭：加格达奇、十八站；黑龙江、辽宁、吉林、河北、陕西；日本、俄罗斯、朝鲜，欧洲。

灰土苔蛾 *Eilema griseola* (Hübner)

形态 翅展 27～33 毫米。浅灰色；头浅黄色，胸灰色，腹部灰色、末端及腹面黄色；前翅前缘带黄色、通常很窄，前缘基部黑边，翅顶缘毛通常黄色；后翅黄灰色，端部及缘毛黄色。

寄主 地衣、枯叶等。
分布 大兴安岭：塔河、十八站；黑龙江、辽宁、吉林、陕西、山西、山东、福建、河南、云南、西藏；日本、朝鲜、锡金、尼泊尔，欧洲等。

泥土苔蛾 *Eilema lutarella* (Linnaeus)

形态 翅展 22～26 毫米。头黑色染少许黄色，触角、下胸及足黑色，颈板、翅基片灰黄混杂黑色，腹部基半部黑色、端半部黄色；前翅灰黄色，前缘基部具黑边，反面除边缘黄色外，大部分暗褐色；后翅正、反面前半暗褐色，前缘有黄边带，后半黄色，缘毛黄色。

寄主 地衣。
分布 大兴安岭：塔河、十八站；黑龙江、新疆；俄罗斯（西伯利亚等），欧洲。

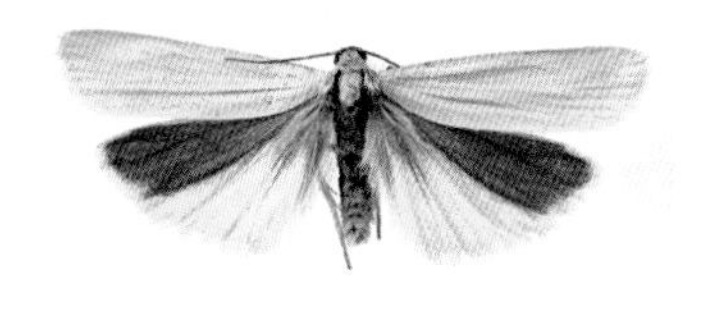

四点苔蛾 *Lithosia quadra* (Linnaeus)

形态 翅展雄 36～48 毫米，雌 42～58 毫米。雄蛾额、触角黑色，头顶、颈板、翅基片、胸橙色，腹部橙色，基部灰色，末端及腹面黑色；前翅灰色，基部橙色，前缘区具闪光的蓝黑带，端区较黑；后翅橙黄色，前缘区暗褐色。雌蛾橙黄色；前翅前缘中央及 Cu2 脉中部各有发光的蓝绿色点。幼虫暗红灰色，第 3、7、11 节背面具有黑纹，背面有一列红瘤，头黑色。

寄主 樟子松、苹果叶、地衣为食。
分布 大兴安岭：全区；黑龙江、辽宁、吉林、内蒙古、陕西、云南；日本，西伯利亚、欧洲。

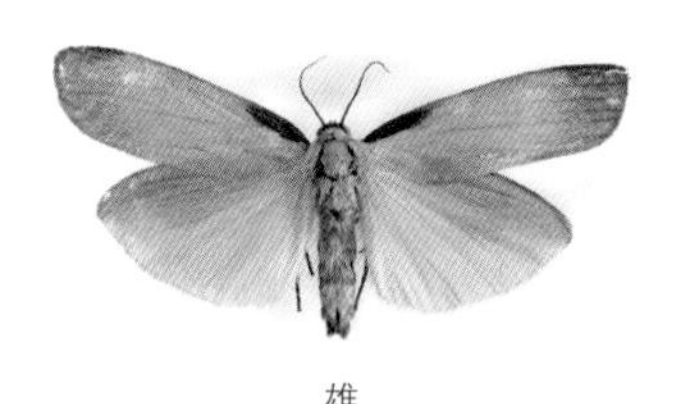
雄

雌

乌闪网苔蛾 *Macrobrochis staudingeri*（Alpheraky）

形态 翅展 35 ～ 54 毫米。暗灰褐色，有蓝色光泽；颈板、下唇须除尖端外、下胸、胸足腿节以及腹部腹面金黄色至橙红色，肛毛簇基部染赭色；后翅色较浅，无蓝光。

寄主 不详。
分布 大兴安岭：加格达奇；黑龙江、吉林、江西、四川；朝鲜、日本。

黑脉弥苔蛾 *Melanaema venata* Butler

形态 翅展 30 ～ 34 毫米。赭色；头、胸染红色；前翅前缘及端区红色，前缘基半部、除前缘脉外的所有翅脉、中室内纵带及亚中褶为黑带；后翅端部染红色，翅脉暗褐色；雄蛾触角双栉状。

寄主 不详。
分布 大兴安岭：加格达奇、塔河、十八站；黑龙江、辽宁、江西；日本。

美苔蛾 *Miltochrista miniata*（Forster）

形态 翅展 22 ～ 30 毫米。头、胸黄色，雄蛾腹部端部及腹面染黑色；前翅黄色，亚基点黑色，前缘基部黑边，前缘下方一红带，至端半部成为前缘带，与红色端带相接，内线黑色、在中室内及中室下方折角，向后缘渐退化，或常常完全退化，中室端一黑点，外线黑色、齿状、从前缘下方斜向2A脉；后翅淡黄色，端区染红色。幼虫灰色，头黑色，具有长而密的毛，在墙、砖处的地衣上越冬，成虫6月末出现，蛹黑褐色。

寄主 伞形花科、山萝卜花。

分布 大兴安岭：全区；黑龙江、辽宁、河北、内蒙古、山西、四川；俄罗斯、日本、朝鲜，欧洲。

泥苔蛾 *Pelosia muscerda* (Hüfnagel)

形态 翅展23～30毫米。褐灰色；前翅前缘区淡色，前缘基部黑边，亚中褶及2A脉的中部斜置2黑点，从前缘中部以外至中室下角下方以外有斜置的4个黑点；后翅基部色淡。幼虫黑褐色，混有红灰色，刚毛暗褐色，背线、亚背线黑色，气门线红灰色。

寄主 甘蔗、地衣、枯叶等。

分布 大兴安岭：加格达奇；黑龙江、吉林、浙江、江西、四川、云南；日本，欧洲。

黄痣苔蛾 *Stigmatophora flava* (Bremer et Grey)

形态 翅展26～34毫米。黄色；头、颈板和翅基片色稍深；前翅前缘区橙黄色，前缘基部黑边，亚基点黑色，内线处斜置3个黑点，外线处6～7个黑点，亚端线的黑点数目或多或少；前翅反面中央或多或少散布暗褐色，或者无暗褐色。幼虫灰褐色黄斑。

寄主 玉米、桑、高粱、牛毛毡。

分布 大兴安岭：加格达奇、图强、韩家园；黑龙江、辽宁、吉林、河北、山西、山东、陕西、新疆、江苏、浙江、福建、江西、湖北、湖南、广东、四川、贵州、云南；日本、朝鲜。

明痣苔蛾 *Stigmatophora micans* (Bremer et Grey)

形态 翅展32～42毫米。白色；头、颈板、腹部染橙黄色；前翅前缘和端线区橙色，前缘基部黑边，亚基点黑色，内线斜置3个黑点，外线一列黑点，亚端线一列黑点；后翅端线区橙黄色，翅顶下方有2黑色亚端点，有时Cu2脉下方具有2黑点；前翅反面中央散布黑色。幼虫蓝灰色，具有淡黄色。

寄主 不详。

分布 大兴安岭：加格达奇、塔河、十八站、韩家园；黑龙江、辽宁、河北、山西、陕西、江苏、甘肃、四川；朝鲜。

天蛾科 Sphingidae

天蛾是一类大型蛾类子，身体粗壮，纺锤形，末端尖；头较大，复眼明显，无单眼，喙通常发达，常超过身体很多；触角中部加粗，尖端弯曲有小钩；前翅狭长，顶角尖锐，外缘倾斜，有些种类有缺刻，一般颜色较鲜艳；后翅较小，近三角形，色较暗，被有厚鳞；有些种类的前翅或后翅上局部无磷而透明；翅缰发达，前后翅都没有1A脉；前翅M1脉从R3-5脉的柄上生出，或在基部和它相接近；后翅第一条脉(Sc+R1)与中室平行，有一横脉与中室中部相连。成虫大都夜间活动，少数白天活动。一年发生一代或几代，大都以蛹越冬，少数以幼虫或成虫越冬。

黄脉天蛾 *Amorpha amurensis* Staudinger

形态 翅展80～90毫米。体翅灰褐色，翅上斑纹不明显，内、外横线由两条黑棕色波状纹组成，外缘自顶角到中部有棕色斑，翅脉披黄褐色鳞毛，较明显，各翅脉端部向外突出，形成锯齿状外缘；后翅横脉黄褐色极明显。每年发生1～2代，以蛹过冬。

寄主 马氏杨、小叶杨、山杨、桦树、椴树。

分布 大兴安岭：全区；华北、东北、西南各省份；日本、俄罗斯。

榆绿天蛾 *Callambulyx tatarinovi* (Bremer et Grey)

形态 翅展75～79毫米。翅面绿色，胸背墨绿色；前翅前缘顶角有一块较大的三角形深绿色斑，内横线外侧连成一块深绿色斑，外横线呈两条弯曲的波状纹；翅的反面近基部后缘淡红色；后翅红色，近后角墨绿色，外缘淡绿；翅反面黄绿色；腹部背面粉绿色，每节后缘有棕黄色横纹一条。每年发生两代，以蛹越冬。

寄主 榆、刺榆、柳。

分布 大兴安岭：加格达奇、韩家园；河北、河南、山东、山西、宁夏、黑龙江、辽宁、吉林各省份；朝鲜、日本、俄罗斯。

深色白眉天蛾 *Celerio gallii* (Rottemburg)

形态 翅展70～85毫米。体翅墨绿色；胸部背面褐绿色；腹部背面两侧有黑、白色斑，腹面墨绿色，节间白色；前翅前缘墨绿色，翅基有白色鳞毛，自顶角至后缘基部有污黄色横带，亚外缘线至外缘呈灰褐色带；后翅基部黑色，中部有污黄色横带，横带外侧黑色，外缘线黄褐，缘毛黄色，后角内有白斑，斑的内侧有暗红色斑；前、后翅反面灰褐色，前翅中室及后翅中部的横线及后角黑色，中部有污黄色近长三角形大斑。一年发生一代，成虫7、9月间出现，以蛹过冬。

寄主 猫儿眼。其他不详。

分布 大兴安岭：全区；河北、黑龙江；朝鲜、日本、印度。

白环红天蛾 *Deilephila askoldensis* (Oberthür)

形态 翅展50毫米左右。体赤褐色；从头至肩板四周有灰白色毛，颈后缘毛白色；腹部两侧橙黄色，各节间有白色环纹；前翅狭长橙红色，内横线不明显，中线较宽棕绿色，外线呈较细的波状纹，顶角有一条向外倾斜的棕绿色斑，外缘锯齿形，各脉端部棕绿色；后翅基部及外缘棕褐色，中间有较宽的橙黄色纵带，后角向外突出。每年发生一或两代、成虫5、8月间出现。

寄主 山梅花、紫丁香、秦皮、葡萄、鼠李。
分布 大兴安岭：加格达奇、韩家园；黑龙江；日本、朝鲜、俄罗斯。

松黑天蛾 *Hyloicus caligineus sinicus* (Rothschild et Jordan)

形态 翅展 60～80 毫米。体翅暗灰色，胫板及肩板呈棕褐色线；腹部背线及两侧有棕褐色纵带；前翅内线及外线不明显，中室附近有倾斜的棕黑色条纹 5 条，顶角下方有一条向后倾斜的黑纹；后翅棕褐色，缘毛灰白色。一年发生两代，以蛹越冬，成虫 5、7 月间出现。

寄主 主要是松树。
分布 大兴安岭：新林、塔河、韩家园；河北、黑龙江、上海；日本、俄罗斯。

钩翅天蛾 *Mimas tiliae christophi* (Staudinger)

形态 翅展 60～85 毫米。体翅赭黄色；胸、腹部背面棕色；腹部各节有黄褐色环；翅的外缘波状，顶角外伸并向下弯曲呈钩形，后缘弯度大；内线棕色块状；中线由两块相连的斑组成，上面一块三角形直达前缘，亚端线呈不明显波纹，外侧棕黑色，端线黑色，顶角有一条闪电形白纹；后翅黄褐色，中线及外线色较深，后角附近棕黑色。一年发生一代，成虫 6、7 月间出现。

寄主 桦树、白杨、榆、槲树。
分布 大兴安岭：图强、塔河、加格达奇；黑龙江；日本。

鹰翅天蛾 *Oxyambulyx ochracea* (Butler)

形态 翅展 97～110 毫米。体翅橙褐色；胸背黄褐色，两侧浓绿褐色；腹部第 6 节的两侧及第 8 节的背面有褐绿色斑；前翅内线不明显，中线和外线呈褐绿色波状纹，顶角弯曲呈弓状似鹰翅，在内线部位近前缘及后缘处有褐绿色圆斑两个，后角内上方有褐绿色及黑色斑；后翅呈黄色，有较明显的棕褐色中带及外缘带，后角上方有褐绿色斑；前、后翅反面橙黄色，前翅外缘呈灰色宽带。一年发生1～2代，以蛹越冬，6月中旬成虫出现。

寄主 核桃、槭科植物。
分布 大兴安岭：韩家园；黑龙江、河北、辽宁、江苏、华南、台湾；日本、印度。

红天蛾 *Pergesa elpenor lewisi* (Butler)

形态 翅展55～70毫米。体翅红色为主有红绿色闪光，头部两侧及背部有两条纵行的红色带；腹部背线红色，两侧黄绿色，外侧红色；腹部第一节两侧有黑斑；前翅基部黑色，前缘及外横线、亚外缘线、外缘及缘毛都为暗红色，外横线近顶角处较细，愈向后缘愈粗；中室有一小白色点；后翅红色，靠近基半部黑色；翅反面色较鲜艳，前缘黄色。每年发生两代，成虫6、9月间出现。以蛹越冬。

寄主 凤仙花、千屈菜、蓬子菜、柳叶菜、柳兰、葡萄。
分布 大兴安岭：全区；吉林、河北、四川；朝鲜、日本。

疆闪红天蛾 *Pergesa porcellus sinkiangensis* (Chu et Wang)

形态 翅展45毫米左右。体翅暗红褐色，头顶两侧有白色纹；胸部背面红褐色，肩板侧缘有白色鳞毛；腹部褐色，各体节后缘毛红色，身体腹面色稍淡；前翅暗红色，内线、中线及外线呈较直的黄褐色带，亚外缘线较显著，弯曲度也大，顶角上半黄褐、下半暗红；后翅前缘淡黄褐色，中央黄褐色，近后角暗红色，外缘毛白色。

寄主 不详。
分布 大兴安岭：加格达奇；新疆。

紫光盾天蛾 *Phyllosphingia dissimilis sinensis* (Jordan)

形态 翅展 105～115 毫米。体翅灰褐色；胸部背线棕黑色，腹部背线紫黑色；前翅基部色稍暗，内、外两线色稍深，前缘略中央有较大的紫色盾形斑一块，周围色显著加深，外缘色深呈显著的锯齿状；后翅有三条波浪状横带，外缘紫灰色不整齐。外部斑纹与盾天蛾相同，只是全身有紫红色光泽，愈是浅色部位愈明显；前、后翅外缘齿较深。每年发生一代，以蛹越冬，成虫 6、7 月间出现。

寄主 核桃、山核桃。
分布 大兴安岭：韩家园；黑龙江、山东、河北、浙江、台湾；日本、印度。

杨目天蛾 *Smerinthus caecus* Ménétriès

形态 翅展 60～70 毫米。翅红褐色；胸部背面棕褐色；腹部两侧有白色纹；前翅内、中、外线棕褐色，中室上有白色月牙形斑，下有棕褐斑一块，后角有橙黄色斑一块，顶角有棕黑色三角形斑；后翅暗红色，中、外线色稍棕，后角有棕黑色目形斑，中间有两条白色弧形纹。每年发生 1～2 代，成虫 5、8 月间出现。

寄主 白杨、赤杨、柳。
分布 大兴安岭：加格达奇、韩家园、阿木尔；河北、黑龙江、吉林；日本、俄罗斯。

红节天蛾 *Sphinx ligustri constricta* (Butler)

形态 翅展 80～88 毫米。头灰褐色，颈板及肩板两侧灰粉色；胸背棕黑色，后胸有成丛的黑基白梢毛；腹部背线黑色较细，各节两侧前半部粉红色，后半有较狭的黑色环，腹面白褐色；前翅基部色淡，内、中线不明显，外线呈棕黑色波状纹，中室有较细的纵横交差黑纹；后翅烟黑色，基部粉褐色，中央有一条前、后翅相连接的黑色斜带，带的下方粉褐色。每年发生 1 代，以蛹过冬。

寄主 水蜡树、丁香、山梅、橘等。
分布 大兴安岭：全区；黑龙江、辽宁、吉林、华北；日本、朝鲜，欧洲。

尺蛾科 Geometridae

尺蛾科是一大科，世界上已知一万几千种。体型瘦狭，翅大而薄，静止时四翅平铺，口喙与翅缰一般都有，只少数例外。少数属、种雌蛾不具翅或退化。翅脉Sc1条，R4～5条，M3条Cu2分支，少数3支，A只1条。足细长，具毛或鳞，少数种的中足胫节片宽，有毛刷。腹部细长，有一听器，位于腹基部气门下方，是区别尺蛾的可靠特征。

醋栗尺蛾 *Abraxas grossulariata* (Linnaeus)

形态 翅白底栗色斑，前翅翅基及外线杏黄色，围以卵形栗色斑，变异很多。成虫7、8月间出现，一年一代，以蛹越冬。

寄主 醋栗、乌荆子、榛、李、杏、桃、稠李、山榆、杠柳、紫景天等多种植物。

分布 大兴安岭：全区；吉林、黑龙江、内蒙古、陕西；朝鲜、日本、俄罗斯，欧洲、亚洲西部。

洒沥尺蛾 *Abraxas picaria* Moore

形态 前翅长20毫米。触角线状具微毛。头部额区和头顶黑褐色，下唇须端部黑褐色。胸部淡橙黄色有黑斑。翅底色白，散布黑斑，色斑多变异。前翅黑色斑带不规则，大致形成4条横带；基线，其内侧为淡橙黄色，中线由断续斑点组成，中室端斑点和前缘中部黑斑明显，外线和亚端线呈S形，两线间后半有淡橙黄色。后翅斑点很少，中室端有黑点，外线有一列黑点组成，外缘有一列黑点，后缘有几个黑点，臀角处略带橙黄色。腹部淡橙黄色，背面有3纵列黑斑，侧面各1列黑斑，腹面2列黑斑。

寄主 不详。

分布 大兴安岭：全区；黑龙江、北京、河北、西南；印度。

榛金星尺蛾 *Abraxas sylvata* (Scopoli)

形态 体型较小，前翅外端有一白斑，翅基星斑较杏黄，翅上斑纹多变异。幼虫白色，头黑色，身体背面较黄，纵线黑色，侧面条纹黄色。每年发生一代，以蛹有薄茧，在地面越冬，成虫在5、6月间出现。

寄主 榛、榆、山毛榉、稠李、桦。

分布 大兴安岭：加格达奇、十八站、韩家园；黑龙江、江苏、浙江、内蒙古；俄罗斯、日本、朝鲜，中欧、中亚。

桦霜尺蛾 *Alcis repandata* (Linnaeus)

形态 体色灰褐有焦褐色斑；前翅外线中部向内弯曲，除外缘线外，其他线不很清楚，但在外线与中线之间色很浅，呈灰白色；后翅线纹较前翅清晰。以蛹越冬。

寄主 桦、杨最多。

分布 大兴安岭：加格达奇、韩家园；四川；俄罗斯，欧洲。

李尺蛾 *Angerona prunaria* (Linneaus)

形态 体色变异极大，从浅灰色到橙黄、暗褐色，翅上满布碎条纹。卵扁圆形，红色。幼虫黄褐至暗褐色，有不规则微点。幼虫越冬，成虫6、7月间出现。

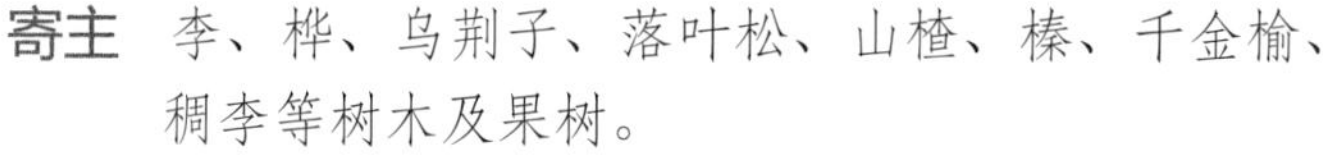

寄主 李、桦、乌荆子、落叶松、山楂、榛、千金榆、稠李等树木及果树。

分布 大兴安岭：全区；黑龙江、内蒙古；俄罗斯、朝鲜、日本，西欧。

黄星尺蛾 *Arichanna melanaria fraterna* (Butler)

形态 前翅底色灰白，后翅底色黄白，布满淡墨色斑纹，前翅白色横线较宽。福建一带标本应为此亚种，东北一带标本应为另一亚种 *Praeolivina Wehrli*。

寄主 不详。

分布 大兴安岭：全区；福建、黑龙江、辽宁、吉林、内蒙古、陕西；俄罗斯、朝鲜、日本。

桦尺蛾 *Biston betularia* (Linnaeus)

形态 体色变异很大，在工业区体色多呈暗黑，我国黑龙江、辽宁、吉林标本翅色灰褐，布满深色污点，线纹黑色，明显。

寄主 多种植物：桦、杨、椴、法国梧桐、榆、栎、槐、苹、柳、黄檗、染料木、山毛榉、艾蒿、黑莓、落叶松、羽扇豆等。

分布 大兴安岭：全区；黑龙江、辽宁、吉林、内蒙古；俄罗斯、日本，西欧。

褐纹大尺蛾 *Biston robustum* Butler

形态 翅展雄 28 ~ 30 毫米。雄触角双栉齿状，一直到端部；前翅前中线内侧及前、后翅后中线外侧有灰褐色带；前翅中线在 1A+2A 处与后中线合并 (converges)；后翅后中线在 M1 和 M3 之间呈尖角突出；前、后翅亚缘线暗灰色。翅较宽；后翅中线较明显。

寄主 不详。

分布 大兴安岭：韩家园；黑龙江、山东、陕西、上海、江苏、江西、台湾；日本、俄罗斯、朝鲜、韩国、越南。

皱霜尺蛾 *Boarmia displiscens* Butler

形态 体色赤褐，略有暗斑，各线不很清楚，前、后翅均有纵皱。

寄主 栎、槲等树木。

分布 大兴安岭：韩家园；黑龙江、江西、浙江；日本、朝鲜。

网目尺蛾 *Chiasmia clathrata* (Linnaeus)

形态 前翅长 13 ～ 15 毫米。触角纤毛状。头胸部、足均暗褐色，散布大小不等的白斑点。翅白色，沿着翅脉有褐纹，与 5 条褐色横带交织，组成网目状斑纹，其间散有一些小褐点；缘毛白色，也有褐点列。翅反面斑纹同，基部稍带黄色。腹部和足暗褐色，散布大小不等的白斑点，腹部背、腹面每节有白色细边。

寄主 苜蓿等豆科植物。
分布 大兴安岭：加格达奇、十八站、图强；黑龙江、吉林、辽宁、内蒙古、河北；亚洲、欧洲、北非。

枞灰尺蛾 *Deileptenia ribeata* (Clerck)

形态 体色灰白，前、后翅各线暗褐色，很明显，外线与内线间色较白，有微细污点，中室上无翅星。

寄主 枞、杉、桦、栎等林木，是森林害虫。
分布 大兴安岭：加格达奇；黑龙江；日本、朝鲜。

桦秋枝尺蛾 *Ennomos autumnaria sinica* Yang

形态 前翅长 24 ～ 25 毫米。触角雌蛾线状，雄蛾双栉状。体淡黄色，头胸被黄毛，尤其是胸背的毛长而密。翅黄色带有橙黄色，翅端部颜色较深，翅上有程度不同的小褐斑，外缘锯齿状，以 M3 脉端向外最为突出，缘毛白色，脉端有褐斑。前翅有内、外两条淡褐色横线，在前缘区清楚形成两个褐纹，余则模糊；中室端淡褐斑明显；旧标本前翅上仅见前缘区两个褐纹和中室端淡褐斑。后翅内线为宽的褐带，其外侧中室端有明显的褐斑。翅反面橙黄色，后缘黄白色；前翅可见明显的中室端褐斑和外线在前缘的褐斑，后翅可见内线及中室端褐斑。

寄主 柳、杨叶片。
分布 大兴安岭：塔河、十八站、韩家园、呼中、图强；黑龙江、内蒙古、河北。

葎草洲尺蛾 *Epirrhoe supergressa albigressa* (Prout)

形态 前翅长12～14毫米。额及头顶深褐色，额掺杂灰白色；下唇须大部分黄白色，端部掺杂褐色，尖端伸达额外。胸腹部背面黄褐色，腹部背中线两侧排列黑斑。前翅白色；亚基线深褐色，下半段仅在翅脉上清楚，其内侧由前缘至中室上缘深褐色；内线黑褐色，在前缘处宽且清晰，向下逐渐变淡变细，在2A处消失；中线与外线之间为一深褐色中带，略带红褐色，其间有一些黑褐色条纹；中点黑色，其上方散布着少量蓝白色鳞片；中带外缘在R5上下各有一小齿，在M3处外凸一粗大钝齿，中带内外两侧的白色带清晰完整，其上各有一条纤细的波状线，但该线有时下半部或全部消失；翅端部蓝灰色，亚缘线白色波状，其内侧在前缘至R5处有一个黑褐色斑，顶角前有一三角形浅色斑，其下方是一个较大的三角形褐斑，伸达亚缘线内侧；缘线褐色点状，缘毛与其内侧翅面颜色相同。后翅白色，中点较前翅小，其下方由中室下缘至后缘有三条灰褐色线；翅端部同前翅，但无褐斑。翅反面除黑色中点外，其他斑纹均深褐色至黑褐色，并较正面扩展。

寄主 葎草。
分布 大兴安岭：韩家园；黑龙江、吉林、内蒙古、北京、河北、山东、甘肃、青海；朝鲜、俄罗斯。

流纹洲尺蛾 *Epirrhoe tritata* (Linnaeus)

形态 翅展11～12毫米。非常近似东方茜草洲尺蛾。前后翅白色区域明显扩展，黑褐色中带常不完整，其两侧的白色带较宽；中带中部的白色波状细线通常完整清晰，中点周围有白圈；亚缘线完整，中部常扩展成一个小白斑。

寄主 不详。
分布 大兴安岭：韩家园；黑龙江、内蒙古；俄罗斯、蒙古，欧洲。

褐叶纹尺蛾东方亚种 *Eulithis testata achatinellaria* (Oberthür)

形态 形似枯叶尺蛾，较小，后翅色浅。一年发生一代，成虫在8、9月间出现。

寄主 桦、柳、杨、枸杞、踯躅、黄栌等。

分布 大兴安岭：新林、十八站；内蒙古、黑龙江；俄罗斯（西伯利亚）、加拿大，欧洲。

网褥尺蛾黑东北亚种 *Eustroma reticulata obsoleta* Djakonov

形态 前翅长13毫米。额和头顶中央深褐色，边缘黄白色；下唇须深褐色，腹面的长毛掺杂白色，第三节尖端黄白色。胸部背面深褐色与黄白色掺杂，肩片基部灰红褐色，端部黄白色。腹部背面灰褐色，第一、二腹节背中线两侧有黑斑。前翅灰红褐色，斑纹白色；亚基线纤细斜行，微弯曲；中线三条，斜行，第一条直，在臀褶处向翅基方向折回，第二条在中室内与第一条接触，在臀褶处向外伸展至外线，第一条中线下半段下方有一条与之平行的细线，在2A下方与第一条中线合并，向上沿臀褶外行并与第二条中线合并至外线，该线下方有一狭长环形线，第三条中线细，在前缘附近远离内侧两条中线，在Cu2下方与第一条外线接合成回纹，后者“＞”形，上半段远离第二条外线；第二条外线直，几乎与外缘平行，在M3以下呈波状至后缘；亚缘线为波状细线，中部稍外凸；顶角有一斜线，在M1与M2之间伸达亚缘线；R5至M2脉由第一条外线至外缘白色；中室下缘脉和M3至Cu2各脉由中线内侧至外缘白色，2A脉在中、外线之间白色；缘线白色，缘毛灰褐色掺杂少量白色。后翅浅灰褐色，雄色稍浅，中部以下颜色渐深，有两条灰白色波状线；雄中点为一橘黄色小圆斑，雌为褐色小点；缘线和缘毛同前翅。翅反面灰褐色，隐见正面斑纹，极模糊。雄前翅反面毛束发达，黑色，毛端处翅面有一模糊黄斑；后翅中点在反面为深灰褐色；雌后翅反面中点同正面。

寄主 不详。

分布 大兴安岭：十八站、韩家园；黑龙江、内蒙古、甘肃；日本、朝鲜、俄罗斯。

利剑铅尺蛾 *Gagitodes sagittata albiflua* (Prout)

形态 前翅长 14 ～ 16 毫米。头顶白色，额部褐色，胸部土黄色。前翅土黄色，基线褐色、宽，内侧有一褐色小点；中部有一褐色弧形宽带，其外侧在 M3 脉处向外突出成锐角，内外两侧均有白色边；缘毛白色，脉端有小褐斑。后翅浅土黄色，外线白色，外线内侧颜色较深，中室端有小褐点，缘毛白色。腹部黄白色。

寄主 不详。
分布 大兴安岭：图强；黑龙江、河北；日本、朝鲜。

白脉青尺蛾 *Geometra albovenaria* Bremer

形态 前翅长 27 ～ 28 毫米。翅绿色或草黄色；前翅两条白线较粗，亚端线波曲；后翅一条白线较粗，从前缘伸到后缘中外方，亚端线细，波曲弧形；身粉白色，前胸背面较青（或黄）。

寄主 不详。
分布 大兴安岭：加格达奇、塔河；北京、四川、云南；东亚。

曲白带青尺蛾 *Geometra glaucaria* Ménétriès

形态 前翅长雄 24 ～ 26 毫米；雌 25 ～ 28 毫米。翅面蓝绿色。前翅较短，顶角尖，略凸出，外缘近平直；前缘白色，有绿色窄斑；内线白色，倾斜，中部微内凹，在前缘处扩展成白斑；外线白色，上端向内弯曲，在前缘处形成白斑，在脉上有小齿，下部在 CuA2 和 2A 间增粗并向内凸；亚缘线由脉间白斑组成，不清晰，下端在 CuA2 下方折向臀角；缘毛白色。后翅顶角圆；外缘光滑，在中部凸出，后缘略延长；外线上端向外弯曲，下端渐细并在近后缘处向内弯曲；亚缘线白色，细弱，不规则波曲；缘毛同前翅。前后翅均无中点。翅反面大部分白色，前翅前缘至中室下缘附近带绿色，翅端部绿色较深，并向下扩展至臀角，隐见正面斑纹，白色外线内侧有暗绿色阴影；后翅基本白色，外线为蓝绿色、直行波曲，亚缘线宽阔、蓝绿色、呈带状、上宽下细、在 M2 处外凸。触角雄双栉形，向尖端栉齿较短，最长栉齿约为触角干止境的 1.5 倍；雌线形。额圆形凸出，上 1/3 褐色，下 2/3 白色。下唇须腹面基半部白色，背面褐色，雄约 1/3 伸出额外；雌下唇须第 3 节略延长。头顶白色。胸腹部背面淡绿白色；胸部腹面白色，略带淡绿色调。雄后足胫节膨大，有毛束，具端突，长度约为第 1 跗节的 1/2，两对距。雄第 3 腹节板中部具 1 对刚毛斑。雄第 8 腹节特化；背板为发达丘状突；腹板中间骨化，中部深凹陷。

寄主 壳斗科栎属植物。

分布 大兴安岭：韩家园；黑龙江、吉林、辽宁、内蒙古、北京、山西、陕西、河南、甘肃、湖北、四川、云南；俄罗斯（东南部）、日本，朝鲜半岛。

蝶青尺蛾 *Geometra papilionaria* (Linnaeus)

形态 前翅长 27 ～ 30 毫米。翅翠青色或草黄色，胸、腹草黄色，翅基片翠青色或草黄色；前翅上有两条月牙纹白线，后翅一条；翅反面粉翠色，内线不显。幼虫在欧洲寄生于桦或杨，以幼虫越冬，体色如小树枝，但到翌春，体色又变绿，这表明它的适应与保护作用。

寄主 桦、杨。

分布 大兴安岭：全区；黑龙江、北京；日本、俄罗斯（西伯利亚），欧洲中部及北部、亚洲北部。

直脉青尺蛾 *Geometra valida* Felder et Rogenhofer

形态 前翅长 30 毫米。翅粉青色，前翅外线细，较直；后翅一线从前缘中部达后缘中部，尾突较显著；身体粉白色。

寄主 栎、橡等。

分布 大兴安岭：全区；黑龙江、吉林、北京、陕西；日本、朝鲜。

红颜锈腰青尺蛾 *Hemithea aestivaria* Hübner

形态 翅展6～7毫米。青黄色，颜红色，腹部灰黄色，中部两节背面褐色，前、中部赤褐色；前后翅外缘有血色缘线，缘毛上有血色点，外线白色波状，内线不清。幼虫体色有变化，青色褐色或紫色，多食性。

寄主 栎、山楂、柳等。
分布 大兴安岭：加格达奇；黑龙江、江苏；日本、朝鲜、西班牙。

缘点尺蛾 *Lomaspilis marginata amurensis* (Heydemann)

形态 小型尺蛾，翅底白色，有灰黑色圆点。

寄主 柳、杨、榛等。
分布 大兴安岭：塔河；黑龙江；俄罗斯、日本、西欧。

Macaria shanghaisaria Walker

形态 翅展24～31毫米。前翅浅黄色，外缘顶角后方至中部具新月形凹缺，凹缺边缘黑褐色，中横线双线，褐色；外横线三线，褐色；后翅外缘角状尖突，中横线及外横线明显，中室内具黑褐色斑。

寄主 不详。
分布 大兴安岭：十八站；黑龙江；韩国、日本、俄罗斯（西伯利亚、远东地区）。

双斜线尺蛾 *Megaspilates mundataria* (Cramer)

形态 身体粉白色，前翅上有两条粗斜线，淡褐色，后翅斜纹较细。

寄主 不详。
分布 大兴安岭：塔河；黑龙江、内蒙古、陕西、江苏；俄罗斯、朝鲜、日本。

雪尾尺蛾 *Ourapteryx nivea* Butler

形态 翅白色，斜线浅褐色，有浅褐散条纹，后翅外缘略突出，有二赭色斑，外缘毛赭色。称为尾尺蛾，属名即此意。腹部后半浅褐色。

寄主 栎、冬青、朴等。
分布 大兴安岭：全区；黑龙江、浙江；日本。

接骨木尾尺蛾 *Ourapteryx sambucaria* (Linnaeus)

形态 体型较雪尾尺蛾大得多，体色略带青黄，后翅外缘突出较长较尖。一年发生一代，幼虫越冬，4、5 月间化蛹，5 月底成虫出现。

寄主 接骨木、忍冬、柳、椴、桤木、乌荆子、常春藤、蔷薇、栎、李、栌、莓、勿忘草等多种植物。
分布 大兴安岭：新林；黑龙江、辽宁、吉林、云南；西欧，俄罗斯、蒙古、伊朗、日本。

驼尺蛾 *Pelurga comitata* (Linnaeus)

形态 翅展雄 13 ～ 16 毫米，雌 14 ～ 18 毫米。额极凸出，呈圆丘形；中胸前半部凸起成一驼峰状；各腹节背面后缘披长毛。头和胸腹部背面黄褐色，胸部背面颜色较浅，由前翅基部跨过驼峰有一条灰褐色横线；第一腹节黄白色，其余各腹节背面带有金黄色。前翅浅黄褐色至黄褐色，略带焦褐色；斑纹褐色至深灰褐色；亚基线弧形，在中室上缘处凸出一分岔的尖齿，其内侧色略深；内线两条，隐约可见；中线深灰褐色带状，有时可分辨出由 2 ～ 3 条细线组成，在中室前缘处呈钩状弯曲，然后内倾至后缘；

中点小，黑色；中带中部颜色较浅，邻近中线和外线处褐色至深褐色，外线不规则锯齿状，中部凸出成一个小斑并沿R5下方扩散至外线；浅色亚缘线不完整；缘线深褐色，在翅脉端断离，缘毛灰黄色与灰褐色相同。后翅颜色同前翅，由翅基至外线颜色略暗，外线在M3处弯折；缘线和缘毛同前翅。翅反面黄至灰黄色，前翅外线以内色略暗；前后翅中点黑色清晰；外线形状同正面，较弱。一年一代，成虫6～8月羽化，以蛹越冬。

寄主 藜、滨藜。幼虫取食其花和种子。

分布 大兴安岭：加格达奇、十八站、韩家园、图强；黑龙江、辽宁、吉林、湖北、福建；俄罗斯、日本、朝鲜。

斧木纹尺蛾 *Plagodis dolabraria* (Linnaeus,1767)

形态 翅展22～33毫米。春型大于夏型。前翅浅黄褐色，具众多密横线，臀角及后缘端部2/3处有暗色斑；后翅黄白色，细而密横线色浅，臀角有一大黑色斑。

寄主 不详。

分布 大兴安岭：塔河、十八站；黑龙江；韩国、俄罗斯、蒙古，欧洲。

东北黑白汝尺蛾 *Rheumaptera hastata rikovskensis* (Matsumura)

形态 翅展13～16毫米。头胸部黑白掺杂，腹部背面深灰褐色。翅白色，可略带乳黄色，斑纹黑色。前翅基部黑色，亚基线处有一条弧形白线；中带由两条宽窄不匀的黑色带组成；两带之间有纤细不完整的白线；黑色中带两侧为白色带，其中内侧的狭窄，弧形，外侧的较宽，边缘锯齿状，内线和外线分别为两条白色带上的一列黑点；翅端部黑色，亚缘线白色锯齿状，不完整，外线处的白色带在M3处向外凸伸一尖齿，与亚缘线呈十字交叉；缘毛黑白相间。后翅基半部黑褐色，黑色中点处有一条白线；端半部斑纹同前翅，但外线的黑点列部分或全部消失。翅反面颜色斑纹同正面，但前后翅基部的黑色部分消失，前翅黑色中带下端消失。

寄主 桦木等。

分布 大兴安岭：加格达奇、塔河、韩家园；黑龙江、吉林、内蒙古；日本、俄罗斯。

波纹汝尺蛾 *Rheumaptera undulata* (Linnaeus)

形态 前翅长雄 15 毫米，雌 14 ～ 16 毫米。头和胸部背面灰褐色，掺杂白色；腹部背面黄褐色。下唇须较短，腹面基部白色。前翅白色，略带灰黄色，由基部至亚缘线内侧排布多条细密的深褐色波状线，翅中部的波状线略加深加粗，在前缘附近更明显；中点黑褐色；翅端部灰褐色，略带黄褐色，亚缘线白色波状。后翅斑纹同前翅，但波状线很稀疏，且不如前翅的清晰。翅反面波纹较稀疏且不完整，前后翅均有大而清晰的黑褐色中点。雄性后翅反面毛簇黑褐色。幼虫背面紫褐色，背线、亚背线黄色，或背面浅蓝灰色，线条白色；侧线灰色或灰黑色。蛹红褐色，短，光亮，刻纹不明显，臀棘分为二岔，均刺状，黑色。一年一代，成虫 6 ～ 7 月羽化。

寄主 杨柳科、杜鹃花科树木。

分布 大兴安岭：塔河、十八站、韩家园；黑龙江、内蒙古、北京；日本、朝鲜、俄罗斯，欧洲、北美洲。

三线银尺蛾 *Scopula pudicaria* Motschulsky

形态 小型，银白色，前翅有三条斜线，后翅只有二条，都是淡黄色；前、后翅反面，在中室顶各有一个黑点；前翅前缘灰褐色，散有许多灰褐色细点。

寄主 马兰等。

分布 大兴安岭：塔河、十八站；黑龙江、辽宁、吉林、内蒙古；俄罗斯、日本、朝鲜，欧洲。

四月尺蛾 *Selenia tetralunaria* (Hufnagel)

形态 翅灰褐色，外线以外较浅，前翅尖有一弧形斑，外线外有一圆点，后翅的圆点更清楚，前翅中室外端有一月形浅纹，后翅的月纹较小，有时不很清楚；翅反面有橙黄色斑，后翅上更显著。每年发生二代，以蛹在树干上越冬，成虫 4、5 月间出现；幼虫紫色枝状（又名紫枝尺蠖），第一、二腹节上各有一双尖突起，第四、五节膨大，上有小突起。

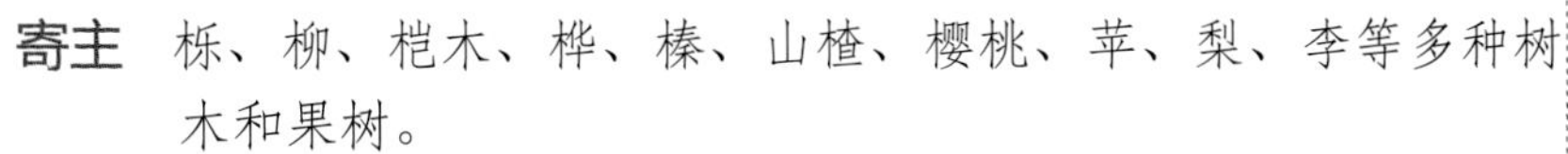

寄主 栎、柳、桤木、桦、榛、山楂、樱桃、苹、梨、李等多种树木和果树。

分布 大兴安岭：新林、塔河、十八站、韩家园；黑龙江、辽宁、吉林、台湾；俄罗斯、日本，欧洲。

Stegania cararia (Hübner)

形态 翅展 17 ～ 22 毫米。前翅土黄色，布满不规则细小黑斑，中室具 1 黑色横斑，外横线由一列短黑线组成，外横线外侧具 3 个近圆形斑，前 2 斑大，第 3 个斑位于臀角，很小；后翅斑纹似前翅，翅外缘圆斑长形。前后翅缘毛土黄色与黑色相间。

寄主 不详。

分布 大兴安岭：十八站；黑龙江；韩国、俄罗斯，欧洲。

黑带尺蛾 *Thera variata* (Denis et Schiffermüller)

形态 翅展雄 12 ～ 13 毫米，雌 13 ～ 16 毫米。雄性触角线形具短纤毛，头和体背深褐色与灰黄色、灰褐色掺杂。前翅灰褐色，线纹黑色；亚基线锯齿状，在中室内和臀褶处各凸出一齿，其内侧色略深；中线中部沿中室下缘脉向外凸出并形成一折角，下端向外弯曲；外线在前缘下方向内凸出一尖齿，其下方在 M 脉之间呈圆弧形外凸，下半段弯曲，与中线形状一致，在后缘处与中线距离约 1 ～ 2 毫米；中线与外线之间散布不均匀黑褐色，部分翅脉褐色，黑色中点极微小，其内上方色略浅；缘线为一列细小黑点，缘毛与翅面同色。后翅污白色至淡灰褐色，可见微小深灰色中点；外线弧形，模糊细带状；翅端部颜色略深，缘线同前翅，缘毛色较浅。翅反面灰褐色，中点较正面清晰，前后翅外缘线深灰色至黑灰色。

寄主 云杉、冷杉。
分布 大兴安岭：全区；黑龙江、甘肃、青海、新疆；日本、朝鲜、俄罗斯，亚洲中部、欧洲。

紫线尺蛾 *Timandra comptaria* Walker

形态 小型，浅褐色；前、后翅中部各有一斜纹伸出，暗紫色，连同腹部背面的暗紫色，形成一个三角形的两边，后翅外缘中部显著突出，前、后翅外缘均有紫色线。

寄主 扁蓄。其他不详。
分布 大兴安岭：新林、塔河；北京；朝鲜、日本。

刺蛾科 Limacodidae

本科与斑蛾科 Zygaenidae、拟木蠹蛾科 Metarbelidae 和绒蛾科 Megalopygidae 等同属斑蛾总科 Zygaenoidea 的一个科。但也有人把这几个科与蓑蛾科 Psychidae 放在一起，归属为蓑蛾总科 Psychoidea。全世界已经记载的刺蛾约有 1000 种，我国记录约 90 种左右。由于这类幼虫身体大都生有枝刺和毒毛，触及皮肤立即发生红肿，痛辣异常，俗称“痒辣子”、“火辣子”或“刺毛虫”，中文名故称刺蛾。

成虫体形中等大小，身体和前翅密生绒毛和厚鳞，大多黄褐色或灰暗色，间有绿色或红色，少数底色洁白具斑纹，夜间活动，具趋光性，口器退化，下唇须短小，少数属较长，雄蛾触角一般为双栉形，翅较短阔，前翅 1(A) 脉两条，中间无横脉相连，1b(2A)

脉基部分叉，5（M2）脉较近4（M3）脉；后翅1（A）脉三条，8（Sc+R1）脉仅在中室前缘基部有一短距离的并接。

幼虫体扁，椭圆形或称蛞蝓形，其上生有枝刺和毒毛，或光滑无毛或具瘤，头小可收缩，无胸足，腹足小，化蛹前常吐丝结硬茧，有些种类茧上具花纹，形似雀蛋，羽化时茧的一端裂开圆盖飞出。大多种类危害经济作物、树木和果树等叶子。

黄刺蛾 *Monema flavescens* Walker

形态 翅展29～36毫米。头和胸背黄色；腹背黄褐色；前翅内半部黄色，外半部黄褐色，有两条暗褐色斜线，在翅尖前汇合于一点，呈倒“V”字形，内面一条伸到中室下角，几成两部分颜色的分界线，外面一条稍外曲，伸达臀角前方，但不达于后缘，横脉纹为一暗褐色点，中室中央下方1b脉上有时也有一横糊暗点；后翅黄或赭褐色。幼虫黄绿色，背中线上有一紫褐色大斑纹，此纹在胸背上较宽，似盾形，每体节有4个枝刺，其中以胸部上的6个和臀节上的2个特别大。茧椭圆形具黑褐斑纹，似雀蛋。在黑龙江、辽宁、吉林和华北一年一代，6月上中旬化蛹，成虫于6月中旬至7月中旬出现，幼虫于7、8月为害；在南京一年两代，成虫分别于5月下旬和8月上旬出现。均以幼虫结硬壳茧越冬。

寄主 苹果、梨、桃、杏、李、樱桃、山楂、柿、枣、栗、枇杷、石榴、柑橘、核桃、芒果、醋栗、杨梅等果树，以及杨、柳、榆、枫、榛、梧桐、油桐、桤木、乌桕、楝、桑、茶等。

分布 大兴安岭：塔河、十八站；除甘肃、宁夏、青海、新疆、西藏和贵州目前无记录外，几乎遍布全国。

褐边绿刺蛾 *Parasa consocia* Walker

别名 青刺蛾、梨青刺蛾、绿刺蛾、大绿刺蛾、褐缘绿刺蛾

形态 翅展20～43毫米。头和胸背绿色，胸背中央有一红褐色纵线；腹部和后翅浅黄色；前翅绿色，基部红褐色斑在中室下缘和1脉上呈钝角形曲，外缘有一浅黄色宽带，带内布有红褐色雾点（有些标本

雾点稀疏，有些较浓密，在中央似呈一带），带内翅脉和内缘红褐色，后者与外缘平行圆滑或在前缘下呈齿形内曲，和在臀角较内曲。老熟幼虫浅黄绿色，背具天蓝带黑色点的纵带，北侧瘤绿色，其中气门上方的有一橙黄色尖顶，尤以第一胸节上的黄色较显著，身体末端有4黑点。在北京和山东一年一代，8月下旬至9月下旬老熟幼虫结茧越冬，翌年6月初开始羽化成虫；长江下游地区一年二代，10月上旬老熟幼虫结茧越冬，翌年6月上旬羽化第一代成虫，第二代成虫于8月下旬出现。

寄主 梨、苹果、海棠、杏、桃、李、梅、樱桃、山楂、柑橘、枣、栗和核桃等果树，以及榆、白杨、柳、枫、槭、桑、茶、梧桐、白蜡、紫荆、刺槐、冬青、悬铃木等。

分布 大兴安岭：韩家园；除内蒙古、宁夏、甘肃、青海、新疆、西藏无记录外，几乎遍布全国；日本、俄罗斯（西伯利亚东南）。

青绿刺蛾 *Parasa hilarula* (Staudinger)

形态 翅展21～28毫米。头顶和胸背绿色；腹背灰褐色；前翅绿色，基斑和外缘暗灰褐色，前者在中室下缘呈角形外曲，后者与外缘平行内弯，其内缘在2脉上呈齿形曲。后翅灰褐色，臀角稍带灰黄色。雄性外生殖器的颚形突末端二分叉。

寄主 苹果、梨、杏、桃、樱桃、黑刺李、核桃、枣、柿、栎、槭和桦属等。

分布 大兴安岭：全区；黑龙江、吉林、辽宁、河北；日本、朝鲜、俄罗斯（西伯利亚东南）。

波纹蛾科 Thyatiridae

本科昆虫全世界已知约120种。成虫中等大小，外形似夜蛾。有单眼；复眼有毛或无毛；下唇须小，口喙发达；触角通常为扁柱形或扁棱柱形；前翅中室后缘翅脉三分支，Sc+R1脉与中室前缘平行，在中室末端与Rs脉接近或接触，其基部与中室分离。

沤泊波纹蛾 *Tethea ocularis* (Linnaeus)

形态 翅展32～40毫米。头部暗灰褐色，颈板灰白色，前缘有一黑褐色线，后缘有一暗红褐色线，胸部灰棕色，前半部略带玫瑰棕色，腹部基部白棕灰色，腹部其余部分浅棕灰色；前翅白灰色，带玫瑰棕色，亚基线灰色，内线和外线双线，在前缘相平行，两线相邻一线黑色，另一线暗褐色，内线内侧和外线外侧各有一相平行的暗褐色线，亚端线白色，翅顶角有一黑色斜纹和一灰白色斑，环纹淡黄白色，下半部中央有一黑点，肾纹"8"字形，黄白色有两个黑点；后翅浅棕灰色，基半部色浅，外线呈灰色宽带，外缘褐色，缘毛白色。

寄主 杨树。
分布 大兴安岭：加格达奇、塔河、十八站、韩家园；河北、黑龙江、吉林、辽宁、青海；朝鲜、俄罗斯，欧洲。

波纹蛾 *Thyatira batis* (Linnaeus)

形态 翅展32～45毫米。体灰褐色，腹面黄白色，颈板和肩板有淡红色纹，腹部背面有一暗褐色毛丛，足黄白色，前足和中足胫节和跗节及后足跗节暗褐色，跗节各节末端有一黄白色点；前翅暗浅黑棕色，有5个带白边的桃红色斑，斑上涂棕色，其中基部的斑最大，后缘中间有一近半圆形斑，内线、外线和亚端线纤细，浅黑色，波浪形；后翅暗褐色，外线和缘毛色暗。

寄主 草莓等。
分布 大兴安岭：加格达奇、塔河、韩家园；河北、黑龙江、吉林、辽宁、浙江、江西、云南、四川、西藏；朝鲜、日本、缅甸、印度尼西亚、印度，欧洲。

螟蛾科 Pyralidae

螟蛾科是鳞翅目昆虫中的一个大科，许多种类直接或间接危害各种农作物及农产品。全世界已记载螟蛾约10000种，我国已知1000余种。成虫体形为中等至小形。有单眼，触角细长，下唇须伸出很长，如同鸟喙，足细长，前翅有翅脉12条，第一臀脉消失，无副室，后翅有翅脉8条，臀域宽阔，有3条臀脉，肘脉分支，后翅亚前缘脉及胫脉在中室外平行或相并接。前翅常呈狭窄三角形，后翅宽阔扇状，成虫飞翔力弱，静止时双翅收拢，只有少数展开。通常白天不见活动，夜晚飞向灯火。螟蛾卵扁平细小，或分散、或成堆、或排列鱼鳞状、或覆盖着鳞毛。幼虫光滑，只有少数刚毛，有三对胸足、五对腹足。蛹多裸露。

白桦角须野螟 *Agrotera nemoralis* Scopoli

形态 翅展28毫米。前翅淡黄褐色稍带紫色，基部有淡黄及橙色网纹，外横线暗褐色波纹状，外侧黄色，缘毛白色与黑褐色交替；后翅淡黄带暗褐色，有两条暗色线。

寄主 白桦等。

分布 大兴安岭：十八站；北京、黑龙江、山东、江苏、浙江、福建、台湾、广西；朝鲜、日本、英国、西班牙、意大利、俄罗斯远东地区。

黑织叶野螟 *Algedonia luctualis* (Hübner)

形态 翅展25毫米。头部墨黑褐色，两侧有白条，有少数白鳞片；触角淡黑褐色；下唇须下侧白色，其余黑褐色；前翅有一纯白扁圆斑；后翅前缘向下有长圆形白斑，并向内角横伸。

寄主 不详。

分布 大兴安岭：韩家园；黑龙江；日本、俄罗斯西伯利亚东部，欧洲中部。

斑点须野螟 *Anolthes maculalis* (Leech)

形态 翅展34毫米。前翅黑色带珍珠般闪光，翅面上有六个浅黄色斑，其中接近翅基的两个长椭圆形，相互重叠由中脉隔开，下侧斑点与另一小三角形斑接近，前翅外缘外侧有一不规则的大斑，并有两个小斑在翅前缘下侧上下排列；后翅浅黄色，有黑色中线，亚缘线与缘线横贯翅面，从亚缘线内缘伸向中线，缘线与亚缘线边缘在臀角及翅中部相遇。

寄主 不详。

分布 大兴安岭：塔河、十八站、韩家园；黑龙江、福建、四川、台湾、广东；日本。

玻姆目草螟 *Catoptria permiaca* (Petersen)

形态 前翅长 7.0 ～ 11.0 毫米。额和头顶白色。下唇须背面和内侧白色；外侧淡褐色，第 1 节基部腹面白色。下颚须淡褐色，末端白色。触角背面灰白色，腹面淡褐色。领片淡黄色，中部白色；胸部白色：翅基片淡黄色。前翅淡黄色，前缘基部 3/5 淡褐色；有 2 枚纵条白斑，内侧白斑约为翅长的 3/5，基部窄，端部渐宽，外缘截形，向内倾斜；外侧白斑近菱形，两枚白斑周围密被黑色鳞片，外侧白斑前端有 1 条黑色纵纹；亚外缘线白色，内侧淡褐色镶边，前端 1/3 处外弯成角；外缘深褐色，均匀分布 7 枚黑色斑点；缘毛灰白色，中线淡褐色。后翅灰白色至淡褐色：缘毛白色。足白色，前足外侧密被淡褐色鳞片。腹部灰白色至淡褐色。

寄主 不详。

分布 大兴安岭：塔河、十八站、韩家园；黑龙江、吉林、辽宁、内蒙古、北京、河北、山东、四川、宁夏，乌苏里江；朝鲜、日本、俄罗斯（西伯利亚）、挪威、芬兰、波兰、爱沙尼亚、立陶宛、拉脱维亚。

松目草螟 *Catoptria pinella* (Linnaeus)

形态 前翅长 9.0 ～ 11.0 毫米。额和头顶白色，额有尖突，下唇须背面和内侧白色；外侧淡褐色，第一节基部腹面白色。下颚须淡褐色，末端白色。触角背面淡褐色与黄白色相间，腹面淡黄色。领片淡黄色，中部白色；胸部白色，后端淡黄色；翅基片淡黄色。前翅淡黄色，有2枚纵条白斑，内侧白斑约为翅长的1/2，基部窄，端部渐宽，外缘截形，向内倾斜：外侧白斑为不规则四边形，两枚白斑周围密被黑色鳞片，外侧白斑前端有1条黑色纵纹；亚外缘线白色，淡褐色镶边，前端约2/5处外弯：外缘深褐色；缘毛淡褐色掺杂白色。后翅灰褐色；缘毛灰白色。足白色，前足外侧密被淡褐色鳞片。腹部灰白色至淡褐色。

寄主 白毛羊胡子草 *Eriophorum vaginatum*，真藓属 *Bryum* sp.。

分布 大兴安岭：塔河、十八站、韩家园；黑龙江、辽宁、河北、山西、新疆；日本、俄罗斯、黎巴嫩，欧洲、小亚细亚、北非。

黄翅草螟 *Crambus humidellus* Zeller

形态 翅展23～24毫米。头部黄褐，触角褐色，下唇须及下颚须褐色，胸部金黄，腹部淡黄褐色；前翅金黄，翅基部到前缘有黑褐色线向中央内侧略弯，中室内有银白色宽带，其上缘沿亚外缘线前方逐渐消失，中室外侧靠近前缘有黑褐色短斜线，斜线下有黑褐色边及银白至紫褐色短线，2A、Cu2脉及Cu1、M3脉上亚外缘线有紫褐色及银色闪光条纹，M2、M3线间有银白色斑，2A脉下侧有黑褐色纵线，基部不清晰，由翅前缘向M1脉外侧倾斜，翅顶前缘与外缘有白色线，翅顶到R5脉间外缘线有5个小黑点，缘毛银白；后翅白色，前缘及外缘暗褐，缘毛白色。

寄主 不详。

分布 大兴安岭：塔河、十八站、韩家园；黑龙江；朝鲜、日本、俄罗斯（远东）。

银光草螟 *Crambus perlellus* (Scopoli)

形态 翅展21～28毫米。头部银白，下唇须基部褐色，下颚须银白，胸部银白，腹部灰色；前翅银白，有珍珠般银白色光泽，没有斑纹；后翅银白无条纹，其间有浅褐色；前、后缘毛白色。

寄主 银针草。
分布 大兴安岭：塔河、十八站、韩家园；黑龙江、山西；日本、英国、意大利、西班牙，北非。

果梢斑螟 *Dioryctria pryeri* Ragonot

形态 体长 9 ～ 13 毫米，翅展 20 ～ 30 毫米；体灰色具鱼鳞状白斑。前翅红褐色，近翅基有一条灰色短横线，波状内、外横线带灰白色，有暗色边缘；中室端部有 1 个新月形白斑；靠近翅的前、后缘有淡灰色云斑，缘毛灰褐色。后翅浅灰褐色，前、外、后缘暗褐色，缘毛灰色。

寄主 油松、马尾松、红松、樟子松、落叶松、云杉等。
分布 大兴安岭：韩家园；东北、华北、西北，江苏、浙江、安徽、台湾、四川；朝鲜、日本、巴基斯坦、土耳其、法国、意大利、西班牙。

赤松梢斑螟 *Dioryctria sylvestrella* (Ratzeburg)

形态 体长 15 毫米，翅展 28 毫米。触角丝状，密生褐色短茸毛。前翅银灰色，被黑白相间的鳞片；肾形斑明显，白色；外缘线黑色，内侧密覆白色鳞片；缘毛灰色。后翅灰白色。腹部背面灰褐色，被有白、银灰、铜色鳞片。足黑色，被有黑白相间的鳞片。

寄主 红松、赤松。幼虫钻蛀红松、赤松球果及幼树梢头轮生枝的基部，致使被害部以上梢头枯死，使侧枝代替主梢，形成分叉，被害部位流脂，形成瘤苞，严重影响成林、成材。
分布 大兴安岭：加格达奇；黑龙江、辽宁、河北、江苏；日本、芬兰、意大利。

夏枯草展须野螟 *Eurrhypara hortulata* (Linnaeus)

形态 翅展12～14毫米。头、胸褐黄色，翅白色；前翅前缘黑色，中室有两个卵圆形褐色斑，翅基部中室以下有一褐色圆斑及一褐色弓形斑，中室外缘有两排褐色椭圆形；后翅沿外缘有两行褐色椭圆斑。

寄主 夏枯草。幼虫吐丝缀叶取食。
分布 大兴安岭：加格达奇、塔河；黑龙江、吉林、山西、陕西、江苏、广东、云南；欧洲。

四斑娟丝野螟 *Glyphodes quadrimaculalis* (Bremer et Grey)

形态 翅展33～37毫米。头部淡黑褐色，两侧有细白条；触角黑褐色；下唇须向上伸下侧白色，其他黑褐色；胸部及腹部黑色，两侧白色；前翅黑色有4个白斑，最外侧一个延伸成4个小白点；后翅底色白色有闪光，沿外缘有一黑色宽缘。

寄主 不详。
分布 大兴安岭：十八站；黑龙江、吉林、河北、山东、湖北、浙江、福建、四川、广东、云南；朝鲜、日本、俄罗斯（远东）。

棉褐环野螟 *Haritalodea derogate* (Fabricius)

形态 翅展30毫米。头、胸白色略黄，胸部背面有黑褐色点12个列成4行；腹部白色，各节前缘有黄褐色带；前翅黄褐色，中室有黑色环纹，其下侧有黑条纹，中室另端有细长黑褐色环纹，外横线黑褐，缘毛淡黄，末端黑色；后翅中室有细长环纹，向外伸出一黑褐色条纹，外横线黑褐色。以老熟幼虫在未拔棉秆上、落叶杂草间越冬。

寄主 棉、锦葵、木槿、芙蓉、苘麻。幼虫吐丝卷叶食害叶片。
分布 大兴安岭：塔河、十八站；黑龙江、北京、河北、河南、山西、山东、陕西、江苏、浙江、湖北、湖南、安徽、福建、广西、云南、四川、贵州；日本、朝鲜、斯里兰卡，非洲、大洋洲。

艾锥额野螟 *Loxostege aeruginalis* (Hübner)

形态 翅展25～27毫米。前翅淡黄色带橄榄棕色，有绿色斑及带，中室内有一长圆斑，翅前缘、中室外缘各有暗色带，从内缘到后角有一宽带，翅外缘有一横带；后翅白色，有两条棕褐色带及一条窄缘线。

寄主 艾草。幼虫吐丝缀叶取食。

分布 大兴安岭：图强；黑龙江、北京、河北、山西、陕西；欧洲。

Nascia cilialis (Hubner)

该种为中国新记录种。

形态 翅展19～23毫米。前翅底色黄白色，沿翅脉密布红褐色鳞片，缘毛暗褐色。后翅白色至浅黄白色，外横线褐色，后缘浅黄色。

寄主 不详。

分布 大兴安岭：十八站；黑龙江；日本、俄罗斯，欧洲。

塘水螟 *Nymphula nitidulata* (Hufnagel)

形态 翅展17.5～19.5毫米。头顶白色，额两侧褐色，下唇须褐色褐色向上弯曲，下颚须褐色向外扩展如三角形，触角淡褐色微毛状；胸部背面中央深褐色，领片与翅基片白色；腹部各节基部鳞片灰褐色，各节外缘鳞片白色；翅底白色具闪光；前翅沿前缘有一灰褐色带，翅基部有褐色斜纹，中室白色，四周边缘深褐色，沿中室后方从翅后缘伸出两条深褐色带，中室端脉深褐色，中央有一条淡黄色，沿亚外缘 有两条深褐色线，其中在内侧的一条狭窄，外侧一条宽大，两条褐色线在第2脉上连接并向内收缩，于中室下角内陷，又向翅后缘伸出，外缘线鲜黄，内外两侧有深褐色边，缘毛灰褐色；后翅白色有闪光，中室端脉有一深褐色斑，内侧有深褐色线，沿翅外缘有一宽褐色带弯曲如圆弧，外缘线鲜黄色，内外两侧有深褐色边缘，缘毛灰褐色。

寄主 萍逢草等。
分布 大兴安岭：全区；黑龙江、河北、江苏、浙江、四川、湖北、广东、云南；日本、俄罗斯（远东）、芬兰、瑞典、罗马尼亚、英国、比利时、法国、瑞士、意大利、西班牙。

红云翅斑螟 *Oncocera semirubella* (Scopoli)

别名 苜蓿螟

形态 翅展24～32毫米。头部及下唇须红色，触角褐色，胸部、腹部褐色，胸部背面肩角红色；前翅沿前缘有一条白带，从中室基部向翅外缘有一红色宽带，翅内缘鲜黄，缘毛桃红色；后翅浅棕褐色，靠近外缘桃红色。

寄主 紫花苜蓿、白苜蓿、百脉根。幼虫吐丝缀叶取食。
分布 大兴安岭：加格达奇；黑龙江、吉林、河北、北京、江苏、浙江、江西、湖南、广东、云南；日本、俄罗斯（西伯利亚）、印度、英国、保加利亚、匈牙利。

酸膜秆野螟 *Ostrinia palustralis* (Hubner)

形态 翅展约32毫米。前翅淡黄色，基部、前缘以及外横线处具明显的红色；后翅黄白色，亚外缘具宽的褐色横带。

寄主 不详。
分布 大兴安岭：十八站；黑龙江；韩国、日本，欧洲。

饰纹广草螟 *Platytes ornatella* (Leech)

形态 翅展20～21毫米。头部白色，触角灰褐；下唇须白色，基部有黑鳞；下颚须白色，并有黑鳞；胸部褐色，腹部灰黄，各节后缘白色；前翅茶褐色，中央有白纵纹，中横线茶褐色，两侧白色，外横线茶褐色，两侧有白边，翅顶下侧有白色斜条纹，外缘线于M1脉下侧有黑点，缘毛白色，基部有淡褐色线。

寄主 不详。
分布 大兴安岭：塔河、十八站；黑龙江、山东；朝鲜、日本。

金黄螟 *Pyralis regalis* Schiffermüller et Denis

形态 翅展22毫米。前翅中央金黄，翅基部及外缘紫色，有两条浅色横线；后翅紫红色，有两条狭窄的横线。

寄主 不详。
分布 大兴安岭：全区；黑龙江、吉林、河北、台湾、广东；朝鲜、日本、俄罗斯（西伯利亚）。

红黄野螟 *Pyrausta tithonialis* (Zeller)

形态 翅展16～20毫米。额黄褐色，两侧有白线，头顶橙黄色。触角黄褐色。下唇须黄褐色，第三节平伸，基节白色，第二节腹面黄白色。胸背橙黄色。腹背黄褐色，每节后缘色淡。足银白色，腿节内侧带黑褐色。翅面紫红色，基部约1/3为橙黄色，外缘微凸；外横线黄色，上端以及中室以下部分较宽，中前段向外弯曲，由Cu2脉内凹；缘毛褐色，近基部有一暗线。后翅暗褐色，在Cu2脉处有一小黄斑，不明显；缘毛白色，近基部有暗线。

寄主 不详。
分布 大兴安岭：塔河；黑龙江、内蒙古、河北、山东、河南、四川、陕西、甘肃、青海、新疆；蒙古、朝鲜、日本。

豆野螟 *Pyrausta varialis* Bremer

形态 翅展24～27毫米。头部淡黑褐色，两侧白色；触角褐色，微毛状；下唇须下侧白色，其余淡茶褐色；胸、腹部背面茶褐色，雌蛾略黄，腹面雌蛾淡黄褐色，雄蛾深黑褐色；前翅浅草黄色，有黄色斑纹，中室中央有一黑褐色斑，中室端脉有一条黑褐色横线，内横线深褐色比较短，不甚弯曲，外横线深褐色弯曲锯齿状，缘毛褐色；后翅雄蛾灰褐色，有一条黄色亚外缘线，雌蛾淡黄褐色，缘毛褐色。

寄主 豇豆、赤小豆、蜂斗叶。取食豆荚内豆粒。
分布 大兴安岭：全区；黑龙江、四川、西藏；朝鲜、日本、俄罗斯（西伯利亚）。

伞锥额野螟 *Sitochroa palealis* (Denis & Schiffermüller, 1775)

别名 黄翅茴香螟
形态 翅展 30 ～ 36 毫米。浅硫黄色；头部白色，中央灰黑，额向外突出尖锥形，触角灰黑色微毛状，下唇须黑色，胸、腹部背面白色；前翅硫黄色，前缘黑色；后翅白色，翅顶有一个黑斑，从前缘到后角有一个不明显的黑色横线。

寄主 茴香、胡萝卜。
分布 大兴安岭：加格达奇。北京、黑龙江、河北、山西、山东、陕西、江苏、湖北、广东、云南；朝鲜、日本、印度、俄罗斯（西伯利亚），欧洲。

尖锥额野螟 *Sitochroa verticalis* (Linnaeus)

形态 翅展 26 ～ 28 毫米。淡黄色；头、胸、腹部褐色，下唇须下侧白色；前翅各脉纹颜色较暗，内横线倾斜弯曲波纹状，中室内有一环带和卵圆形中室斑，外横线细锯齿状，由翅前缘向 Cu2 脉附近伸直，又沿着 Cu2 脉到翅中室角以下收缩，亚外缘线细锯齿状向四周扩散，翅前缘和外缘略黑；后翅外横线浅黑，于 Cu2 脉附近收缩，亚外缘线弯曲波纹状，外缘线暗黑色，翅反面脉纹与斑纹深黑。

寄主 苜蓿、糖萝卜。
分布 大兴安岭：加格达奇、新林、塔河、十八站；黑龙江、山东、陕西、江苏、四川、云南；朝鲜、日本、印度、俄罗斯，欧洲。

柞褐叶螟 *Sybrida fasciata* Butler

形态 翅展37毫米。头、胸及前翅赤褐色；前翅基部和外缘黄褐色，内横线及外横线白色，后缘稍接近，但外侧暗褐色，两横线之间红褐色，中室端有黑点，缘毛暗褐色；后翅暗褐色，缘毛灰白，由翅顶至翅中央有褐色鳞。

寄主 柞、枹、槲树叶。

分布 大兴安岭：加格达奇、韩家园、十八站；黑龙江；朝鲜、日本、俄罗斯（远东）。

苎麻卷叶野螟 *Sylepta pernitescens* (Swinhoe)

形态 翅展27～36毫米。暗褐色底色稍黄，头、触角、下唇须褐色；前翅有三条暗褐色横线，内横线弯曲，中室内有一黑小斑，中横线波纹状，外横线由前线到中室下角伸直，中室下角以后向内弯曲，缘毛暗褐色；后翅中室有斑纹，外横线于中室下角附近弯曲，中横线明显，既部一半颜色浅，缘毛暗褐色。

寄主 苎麻。幼虫卷叶成筒在内部取食叶片。

分布 大兴安岭：新林、塔河、十八站；黑龙江、台湾、广东；日本、印度、印度尼西亚。

Tabidia strigiferalis Hampson, 1900

该种为中国新记录种。

形态 翅展20～22毫米。前翅底色黄色，自基部至外横线出分布有10余个黑点，外横线由一列黑斑组成。外横线外侧深黄色。后翅白色，外缘及缘毛黄色。

寄主 不详。

分布 大兴安岭：十八站；黑龙江；韩国、俄罗斯。

卷蛾科 Tortricidae

绝大多数是小型的蛾子。它的特点是：前翅接近长方形，外缘较直而且翅顶往往突出，栖息时合陇成钟罩状。身体多为褐色或棕色。前翅花纹可分为基斑、中带和顶角的端纹，在臀角上有圆形带金属光泽的肛上纹。后翅无斑纹。前、后翅都有 Sc 脉。有些种类雄蛾的前翅前缘基部向上折叠，其中包括一些可膨胀的毛（可能是感觉器官）被称之为前缘褶。主要包括有两个亚科：

（一）卷蛾亚科 Tortricinae

后翅中室下缘肘脉（Cu）基部没有栉状毛，前翅前缘无成列的白色钩状纹，肛上纹也没有，但基斑、中带和端纹很发达。幼虫有卷叶、缀叶习性，有时亦啃食果实皮等。

（二）小卷蛾亚科 Olethreutinae

后翅中室下缘肘脉（Cu）基部有栉状毛，前翅前缘具有一列白色钩状纹，但基斑、中带和端纹不发达。幼虫有钻蛀果实和种子、蛀梢及缀叶等习性。

卷蛾科与其近似科，蛀果蛾科 Carposinidae 和细卷蛾科 Cochylidae 的区别在于前翅 Cu2 脉始于中室下缘中部或接近中部，而不是始于中室下角或接近下角。

卵的形状不一，常产卵成块并盖以胶质。一般在秋季产下的卵，孵出后，幼虫往往呈绿色，体毛瘤暗色，受惊后能倒退或弹跳。蛹化于卷叶间或树皮裂缝间，有时做丝茧化蛹。

苹黄卷蛾 *Archips ingentanus* （Christoph）

别名 大后黄卷叶蛾

形态 翅展雄 20 ～ 27 毫米，雌 23 ～ 35 毫米。腹部第二、三节背面各有一对背穴。头部和前胸为深褐色，腹部褐黄色。前翅黄褐色，有深褐色网状纹。基斑、中带和端纹雄比雌明显，顶角雌性比雄更突出。前缘褶相当于前缘的 1/3 长。后翅基半部灰色，端半部黄色。幼虫体长 23 毫米。头部和前胸背板黑色，有光泽。体灰绿色或深绿色，背面暗灰色。

寄主 苹果、梨、栎、茶等阔叶树；艾蒿、蜂斗菜、荨麻等草本植物；冷杉等针叶树。

分布 大兴安岭：加格达奇、新林、塔河、呼中、十八站、韩家园；黑龙江；日本、朝鲜、俄罗斯。

白钩小卷蛾 *Epiblema foenella* (Linnaeus)

形态 翅展19毫米左右。下唇须略向上举；头部、胸部、腹部深褐色。前翅黑褐色，由后缘距基部1/3地方有一条白带伸向前缘，到中室前缘又以90°折角向臀角方向延伸，同时逐渐变细，止于中室下角外方，有的与肛上纹相连；整个白斑成钩状；肛上纹很大，里面有几粒黑褐斑点；前缘近顶角附近有4对钩状纹；后翅和缘毛皆呈黑褐色。幼虫白色，头部褐色，前胸背板黄色。

寄主 幼虫危害艾蒿的根部和茎下部。

分布 大兴安岭：加格达奇、塔河、十八站；黑龙江、吉林、河北、山东、湖南、江苏、安徽、江西、青海、云南、福建、台湾等；日本、印度。

异花小卷蛾 *Eucosma abacana* (Erschoff)

形态 翅展16毫米左右。下唇须第二节发达，末节有时被遮盖。前翅色泽有变异，主要有两种类型：一种是白色，有橙色斑，后翅淡褐色；另一种是深褐色，斑纹不明显，后翅亦呈深褐色。它的主要一个特点是在圆形肛上纹的下半圆内有三排黑色小斑点。

寄主 菊科植物艾蒿属的新芽。

分布 大兴安岭：塔河；黑龙江；日本、俄罗斯。

菊花小卷蛾 *Eucosma campoliliana* (Denis et Schiffermüller)

形态 翅展14毫米左右。头部白色。下唇须前伸，末节细，略向下垂。前翅白色，有黑色，褐色分散碎斑，但仔细观察其碎斑，仍成为基斑，中带和端纹三部分，只不过基斑和中带有些中断。肛上纹明显。后翅灰褐色，无花斑。

寄主 菊科植物狗舌草属。
分布 大兴安岭：塔河；黑龙江；日本、俄罗斯，欧洲。

一点细卷蛾 *Eupoecilia citrinana* Razowski

形态 翅展11毫米左右。头部有黄色丛毛，触角褐色；唇须淡褐色，前伸，第二节膨大、长，第三节细小；前翅银黄色，斑纹红褐色，基斑位于前缘与中带相接，中带宽，中室末端有一小斑，亚前缘斑宽，缘毛灰褐色；后翅及腹部灰褐色；前、中足灰褐色，后足黄色。

寄主 不详。
分布 大兴安岭：塔河；黑龙江、辽宁、吉林；俄罗斯。

柞新小卷蛾 *Olethreutes subtilana* (Falkovitsh)

形态 翅展16毫米左右。头顶有淡褐色丛毛，触角灰褐色。下唇须灰白色，末端褐色，前伸，第二节端部有长鳞毛，末节短，略向下垂。前翅橘黄色；基部沿前缘、后缘和中间各有一条银色纵带；前缘1/4到后缘1/4有一条银色横带；后缘的1/2到臀角有一块不规则的黑斑，黑斑中间夹杂有4个银色斑点和一条银色横带；中室外侧顶角之间有两条弧形银色条纹。后翅灰褐色。

寄主 柞、枯叶。
分布 大兴安岭：塔河、十八站；黑龙江；日本、俄罗斯。

苹褐卷蛾 *pandemis heparana* (Denis & Schiffermuller,1775)

形态 翅展16～25毫米。下唇须前伸，腹面光滑，第二节最长。前翅褐色，各斑及网状纹深褐色，网状纹不太明显。基斑明显；中带起自前缘中部，止于臀角，前窄后宽；端纹基本消失；前缘略弯曲。后翅灰褐色。卵扁椭圆形，淡黄绿色，数十粒至百余粒排在一起呈鱼鳞状卵块。老熟幼虫体长18～20毫米。头部及前胸背板淡绿色，身体深绿而稍带白色，大多数个体前胸背板后缘两侧各有一黑斑，毛瘤色稍淡，臀栉4～5根。蛹长9～11毫米。头胸部背面深褐色，腹面稍带绿色，腹部淡褐色。

寄主 苹果、梨、杏、桃、樱桃、柳、榛、鼠李、水曲柳、栎、秀线菊、毛赤杨、山毛榉、榆、椴、花楸、越橘、珍珠菜、蛇麻、桑等。

分布 大兴安岭：加格达奇、塔河、十八站；东北、华北、华东、华中、西北；日本、朝鲜、俄罗斯、印度，欧洲。

巢蛾科 Yponomeutidae

中、小型蛾子，翅展12～25毫米。单眼小或缺少，无眼罩；下唇须向上举，末端尖；前翅稍阔，大部分同幅，接近顶部呈三角形，翅脉大多存在而彼此分离，R5脉止于外缘，有副室，R1脉之前往往有一翅痣；后翅长卵形或披针形，Rs和M1脉彼此分离，中室中有M脉残存，M3和Cu1脉合并或共柄。幼虫前胸气门前片有3根刚毛，腹足趾钩为缺环式。幼虫一般吐丝做巢，群居为害；亦有潜食叶、枝、果实为害的种类。蛹的腹部气门突起呈疣状。

稠李巢蛾 *Yponomeuta evonymellus* (Linnaeus)

形态 翅展22毫米左右，翅宽3毫米。触角白色；唇须白色，向前伸，末端尖；头顶与颜面密布白色鳞毛；前翅白色，有40多枚小黑点，大致排列成5纵行。另外，前翅近外缘处还有较细的黑点约10个，大致成横行排列；前翅反面为灰黑色，缘毛和前缘为白色；后翅灰黑色，

缘毛为淡灰白色。一年发生一代，以幼龄幼虫在卵块覆盖物下越冬。第二年4月下旬开始发叶时，幼虫用丝缀叶做巢为害。6月上旬结茧化蛹，6月中旬开始羽化成虫。

寄主 稠李、山花楸等。
分布 大兴安岭：全区；我国北部；欧洲、俄罗斯（西伯利亚）等地。

二十点巢蛾 *Yponomeuta sedullus* Treitschke

形态 翅展14～15毫米。前翅上有15～29个小黑斑点，其主要分布为：I线：3～4个，II线：3～6个，III线：0，IV线：0，V线：5～8个，VI线：3～8个。

寄主 景天属 Sedum。
分布 大兴安岭：十八站；黑龙江、上海、安徽；日本、俄罗斯，欧洲。

木蠹蛾科 Cossidae

成虫喙退化，下唇须小或消失，触角有双栉形、单栉形或线形；足胫节的距退化或很小；体中等大或较大，前翅2A脉基部分叉，1A脉发达，有副室，R4、R5脉共柄；后翅有3根臀脉，Sc脉基部游离或在中室端部与R4脉以一短棒相连，前、后翅中室内有中脉的主干和分叉，雌蛾翅缰可多至9根。成虫夜间活动，体色较暗，热带有体小、色泽鲜艳的种类，无翅缰。幼虫光滑，毛少，头及前胸盾片角质硬化，上颚强大，钻蛀树木，以丝和木屑作茧化蛹。

芳香木蠹蛾东方亚种 *Cossus cossus orientalis* Gaede

形态 体长30～40毫米；翅展60～90毫米。雄蛾触角栉形，雌蛾触角锯齿形；头部及颈板黄褐色；胸部暗褐色，后胸带黑色，足胫节有距；腹部灰色；前翅暗褐灰色，中区色稍灰白，全翅布有较密黑色波曲横纹；后翅褐灰色，大部布有黑褐波曲纹。幼虫背面紫红色，腹部淡褐黄色。

寄主 杨、柳、榆等。

分布 大兴安岭：加格达奇、图强、韩家园；东北、华北、西北、华东；欧洲、中亚、非洲。

鞘蛾科 Coleophoridae

小型，翅展7～16毫米。唇须一般长，向上举，无下颚须；前翅狭长，永不超过11条脉，R4、R5脉靠近，同出于一点或共柄，R5脉达于外缘，M1脉缺少，M3脉缺少或与Cu1脉合并，Cu2脉有时缺少，2A基部分叉；后翅披针形，比前翅更狭，Rs和M1脉靠近，同出于一点或共柄，M3和Cu1脉有时缺少。成虫栖息时触角前伸。幼虫期筑鞘隐藏是本科特点。所结的鞘有各种形状、色泽，可以用来鉴别种类。幼虫期为害植物叶、花、果实和种子，从外面取食或潜叶，但从不钻蛀茎或卷叶。幼龄幼虫先潜叶，稍长即结鞘；取食时身体伸出鞘外。幼虫灰白色，具微小刚毛，3对胸足，腹足有或无，趾钩单序。

兴安落叶松鞘蛾 *Coleophora obducta* (Meyrick)

形态 翅展13毫米左右，翅宽不到1毫米。唇须细长而下垂，末端尖；前、后翅银灰色，无斑纹，缘毛长。每年发生一代，以幼虫越冬。第二年4月中、下旬开始活动，至5月中旬进入蛹盛期，6月羽化成虫，7月上旬是幼虫孵化盛期，9月末至10月初越冬。幼虫专食害落叶松叶肉，使叶片成一薄筒，借以保护。当个体增大时，筒亦随之加大，行动时携带此筒爬行。

寄主 兴安落叶松

分布 大兴安岭：全区；我国黑龙江、辽宁、吉林、西北；日本、欧洲、北美等地。

麦蛾科 Gelechiidae

麦蛾科是小蛾类中的一个大科，都是些中、小型的蛾子。触角第一节上有刺毛，排成梳状；唇须向上弯曲，伸过头顶，末端尖；前翅呈披针形；后翅像个梯形，外缘往往凹入而翅顶角突出，很像菜刀的样子，缘毛长过后翅宽；前翅 R4、R5 脉共柄或合并，R5 脉止于前缘，M1 脉出自中室上角或与 R5 脉共柄，M2 脉基部距 M3 脉比 M1 脉近，Cu1 和 Cu2 脉常共柄，1A 脉常消失，2A 脉基部有长分叉；后翅 Rs 和 M1 脉在基部共柄或接近，M1、M2 脉有时消失，M3 和 Cu1 脉同出一点或共柄。幼虫有钻蛀、卷叶、缀叶和潜叶等习性。

黄尖翅麦蛾 *Metzneria inflammatella* Christoph

形态 翅展 18 ~ 23 毫米，翅宽 1.5 ~ 1.8 毫米。触角褐色；头顶和颜面白色；唇须长，深褐色，略呈镰刀形，第二节长是第三节的 2 倍；前翅黄色，有深褐色斑纹，端部尖；后翅灰褐色，缘毛长。

寄主 不详。

分布 大兴安岭：塔河；黑龙江、辽宁、吉林；日本等。

毒蛾科 Lymantriidae

本科昆虫全世界已知约 2500 种，我国记载约 360 种。

成虫为中型至大型的蛾类。多数种类体粗壮多毛，雌蛾腹端有肛毛簇。口器退化。下唇须小。无单眼。触角双栉齿状，栉齿雄蛾比雌蛾长。有鼓膜器。前、后翅中室后缘翅脉均四分支，后翅 Sc+R1 与 Rs 脉在中室前缘三分之一处与中室接触或接近后又分开，形成封闭的或半封闭的基室。翅发达，大多数种类翅面被鳞片和细毛，有些属如 *Orgyia*、*Gynaephora* 雌蛾翅退化或仅残留迹或完全无翅。成虫大小、色泽往往因性别有显著差异。成虫活动多在黄昏和夜间，少数在白天活动。静止时多毛的前足伸出在前面。

幼虫体被长短不一的毛，在瘤上形成毛束或毛刷。幼虫有特殊的毒毛即毒针毛，因此而得科名。毒蛾的毒针毛对人和家畜都有伤害。第 6、7 腹节或仅第 7 腹节有翻缩腺，是本科幼虫的重要特征。幼龄幼虫有群集和吐丝下垂的习性。

幼虫多为植食性，只有少数为肉食性。大多数是果树和林木害虫，少数为害蔬菜和农作物。

白毒蛾 *Arctornis l-nigrum* (Müller)

别名 槭黑毒蛾，弯纹白毒蛾

形态 翅展雄 30 ～ 40 毫米，雌 40 ～ 50 毫米。体白色；足白色，前足和中足胫节内侧有黑斑，跗节第 1 节和末节黑色；前翅白色，横脉纹黑色，呈“L”字形；后翅白色。幼虫黑色，两侧黄色或红黄色，腹部背毛刷红褐色，腹部 1、2、6、8 节背毛丛白色。在黑龙江、辽宁、吉林一年发生一代，以 3 龄幼虫卷叶越冬，6 月底化蛹，7 月初成虫出现，卵产在植物枝上或叶上，卵期 8 ～ 10 天，7 月中旬第一龄幼虫出现。

寄主 山毛榉、栎、鹅耳枥、苗榆、榛、桦、苹果、山楂、榆、杨、柳等。

分布 大兴安岭：十八站；黑龙江、吉林、辽宁、浙江、四川、云南；朝鲜、日本、俄罗斯，欧洲。

杉丽毒蛾 *Calliteara abietis* (Schiffermüller et Denis)

别名 冷杉毒蛾

形态 翅展雄 35 ~ 50 毫米，雌 40 ~ 55 毫米。头部和胸部暗灰褐色，腹部黄褐色，末端微暗；雄蛾前翅灰褐色带黑褐色斑纹，内区前半白色，稀布黑褐色鳞，亚基线黑色，有一大锯齿，内线为一宽带，黑褐色，横脉纹褐色，边黑色，窄角形，外线黑褐色，波浪形，亚端线白色，波浪形，端线由间断的黑褐色细线组成，缘毛灰色与黑褐色相间；后翅暗灰棕色，横脉纹和外缘色暗；雌蛾色浅，前翅灰白色有黑褐色斑纹；后翅灰白色，缘毛白色与褐色相间。幼虫头部绿色，体浅绿色有白色和黑色斑纹，体被黑色和白色长毛，前胸背面两侧各有一向前伸的黑褐色毛束，第 8 腹节有一向后斜的褐黄色毛束，第 1 ~ 4 腹节各有一棕褐色毛刷。在东北一年发生一代，以幼龄幼虫越冬，5 月上旬开始为害，6 月中旬作茧化蛹，7 月下旬成虫出现，7 月上中旬卵开始孵化。

寄主 红皮云杉、鱼鳞云杉、冷杉、落叶松、红松、樟子松、侧柏。

分布 大兴安岭：松岭、新林、西林吉；内蒙古、黑龙江；俄罗斯，欧洲。

连丽毒蛾 *Calliteara conjuncta* Wileman

别名 栎双线毒蛾

形态 翅展雄 37 ~ 42 毫米，雌 42 ~ 50 毫米。头部和胸部黑灰色带棕色，腹部黑灰色，基部灰白色带棕色；前翅灰白色布黑色和棕色鳞，中区前半部灰白色，各横线黑色，亚基线双线，内线双线，曲弧形，后半稍内倾，横脉纹黑色边，外线双重，内一线黑色，外一线灰褐色，在 M3 脉后内凹，在中室后有一黑色线，连接内外两线，亚端线灰色，波浪形，端线为细线，缘毛灰棕色与黑色相间；后翅灰褐色，横脉纹与外线褐色，模糊。幼虫体长 42 毫米左右，头部黄褐色，体黑灰色，背线棕黑色，亚背线灰黄色，气门线黑色，气门下线至腹线间黄褐色，前胸两侧和第 8 腹节背面各有一黄色长毛束，第 1 ~ 4 腹节背面各有一灰黄色毛刷。

寄主 栎。

分布 大兴安岭：韩家园；黑龙江、河北、辽宁；朝鲜、日本、俄罗斯。

拟杉丽毒蛾 *Calliteara pseudabietis* Butler

别名 柳杉叶毒蛾

形态 翅展雄 40 ～ 44 毫米，雌 48 ～ 52 毫米。体暗灰色；前翅灰褐色，内区和外区灰白色，稀布黑褐色鳞，斑纹黑褐色，亚基线显著，内线和外线微波浪形，横脉纹新月形有黑褐色边，亚端线由连续的点组成，波浪形排列，端线为一列点，缘毛黑褐色与灰色相间；后翅浅褐色，横脉纹与外缘灰褐色。幼虫体长 22 ～ 35 毫米，头部绿黄色，体绿色，有黑色和乳白色斑纹，被黑色和少量黄白色长毛，前胸两侧和第 8 腹节背面各有一黑黄色长毛束，第 1 ～ 4 腹节背面各有由紫色和白色毛组成的毛刷，第 7 腹节背面翻缩腺。在黑龙江一年发生一代，以 4 龄或 5 龄幼虫越冬，翌年 5 月份幼虫开始活动，6 月中旬老熟幼虫在落叶层中或植物枝叶间结茧化蛹，6 月下旬成虫出现。

寄主 落叶松、杉、桧、苹果、栎。

分布 大兴安岭：新林；内蒙古、黑龙江、吉林、辽宁；朝鲜、日本、俄罗斯。

肾毒蛾 *Cifuna locuples* Walker

别名 大豆毒蛾、豆毒蛾

形态 翅展雄 34 ～ 40 毫米，雌 45 ～ 50 毫米。头部和胸部深黄褐色，腹部褐黄色，后胸和第 2、3 腹节背面各有一黑色短毛丛；前翅内区前半褐色，布白色鳞，后半褐黄色，内线为一褐色宽带，带内侧衬白色细线，横脉纹肾形，褐黄色，深褐色边，外线深褐色，微向外弯，中区前半褐黄色，后半褐色布白色鳞，亚端线深褐色，在 R5 脉与 Cu1 脉处外突，外线与亚端线间黄褐色，前端色浅，端线深褐色衬白色，在臀角处内突，缘毛深褐色与黄褐色相间；后翅黄色带褐色，横脉纹、端线色较暗，缘毛黄褐色。雌蛾比雄蛾色暗。幼虫体长 35 ～ 40 毫米，头部黑色，体黑褐色，亚背线和气门下线为棕橙色断线，前胸背面两侧各有一黑色大瘤，上升毛束，其余各瘤褐色，上生白褐色毛，第 1 ～ 4 腹节背面各有一暗黄褐色短毛刷，第 8 腹节背面有黑褐色毛束，第 3 腹节有一对白色侧毛束。

寄主 樱、海棠、榉、榆、大豆、紫藤、苜蓿、芦、柿、柳、小豆、绿豆、蚕豆、豌豆、胡枝、云实等。

分布 大兴安岭：塔河、十八站；河北、山西、黑龙江、吉林、辽宁、山东、江苏、安徽、浙江、江西、福建、广东、广西、湖南、湖北、河南、四川、云南、西藏；朝鲜、日本、越南、印度、俄罗斯。

杨雪毒蛾 *Leucoma candida* (Staudinger)

别名 柳毒蛾

形态 翅展雄 32 ～ 38 毫米，雌 45 ～ 60 毫米，本种成虫外形与雪毒蛾十分相似，很难区分，但在雄性外生殖器、幼虫和蛹的形态上有显著差别。前、后翅白色不透明。幼虫体长 40 ～ 50 毫米，头部棕色，有两个黑斑，体黑褐色，亚背线橙棕色，其上密布黑点；在第 1、2、6、7 腹节上有黑色横带，将亚背线隔断；气门上线与气门下线黄棕色有黑斑；体腹面暗棕色；瘤蓝黑色上生棕色刚毛，翻缩腺浅红棕色。在北京一年发生二代，翌年 4 月下旬幼虫开始为害，6 月下旬蛹开始羽化出成虫，7 月初卵开始孵化，8 月下旬化蛹，9 月初第二代成虫出现。10 月中下旬以幼龄幼虫越冬。

寄主 杨、柳。

分布 大兴安岭：全区；河北、内蒙古、黑龙江、吉林、辽宁、山东、山西、河南、 湖北、湖南、江西、福建、四川、云南、西藏、青海、陕西；朝鲜、日本、蒙古、俄罗斯。

雪毒蛾 *Leucoma salicis* (Linnaeus)

别名 柳叶毒蛾、柳毒蛾

形态 翅展雄 35 ～ 45 毫米，雌 45 ～ 55 毫米。体白色微带浅黄色，复眼外侧和下面黑色；足白色，胫节和跗节有黑环；前翅白色，稀布鳞片，微透明带光泽，前缘和基部微带黄色；后翅白色。幼虫体长35～50毫米，头部灰黑色有白色毛；体黄色，亚背线黑褐色，气门上线和气门下线由黑色点组成，体腹面和胸足暗黄色；腹足灰黑色，瘤棕黄色有黄白色刚毛，翻缩腺粉褐色；在新疆一年发生二代，以幼龄幼虫在枯枝落叶层中或树缝中越冬。翌年4月中旬幼虫开始活动,5月下旬老熟幼虫于树皮裂缝或树根附近土表内结茧化蛹，6月上旬成虫出现，产卵于树干、嫩枝或树叶背面，6月中下旬第二代幼虫开始孵化，7月中化蛹，7月底第二代成虫出现，8月中越冬代幼虫开始孵化。

寄主 杨、柳、榛、槭。

分布 大兴安岭：加格达奇、松岭、图强；河北、山西、黑龙江、吉林、辽宁、内蒙古、新疆、青海、宁夏、甘肃、陕西、西藏；蒙古、朝鲜、日本、俄罗斯，欧洲、北美洲。

舞毒蛾 *Lymantria dispar* (Linnaeus)

别名 松针黄毒蛾、秋千毛虫、柿毛虫

形态 翅展雄40～55毫米，雌55～75毫米。雄蛾体褐棕色；前翅浅黄色布褐棕色鳞，斑纹黑褐色，基部有黑褐色点，中室中央有一黑点，横脉纹弯月形，内线、中线波浪形折曲，外线和亚端线锯齿形折曲，亚端线以外色较浓；后翅黄棕色，横脉纹和外缘色暗，缘毛棕黄色。雌蛾体和翅黄白色微带棕色，斑纹黑棕色；后翅横脉纹和亚端线棕色，端线为一列棕色小点。在黑龙江、辽宁、吉林一年发生一代，以卵越冬，翌年5月中旬孵化，初孵化的幼虫体被长毛，能吐丝下垂，随风扩散，6月底至7月初老熟幼虫结茧化蛹，7月中下旬成虫羽化，成虫趋光性强，雄蛾常在日间飞翔。雌蛾很少飞翔，每一雌蛾产卵1～2块，每一卵块约由300～600粒卵组成，最多达千粒。

寄主 栎、山杨、柳、桦、槭、榆、椴、鹅耳枥、山毛榉、苹果、杏、稠李、樱桃、柿、桑、核桃、山楂、落叶松、云杉、水稻、麦类等500余种植物。

分布 大兴安岭：全区；河北、山西、内蒙古、黑龙江、吉林、辽宁、山东、河南、新疆、青海、甘肃、陕西、宁夏；朝鲜、日本、俄罗斯，欧洲。

模毒蛾 *Lymantria monacha* (Linnaeus)

别名 松针毒蛾

形态 翅展雄40～46毫米，雌50～56毫米。头和胸部白棕色，胸部有黑褐色斑，腹部粉红色，节间黑褐色，腹部基部白棕色。前翅白色有黑褐色斑纹，基部有7个点，内线波浪形，中室中央有一圆点，横脉纹新月形，外线双重，锯齿状折曲，亚端线锯齿状，端线为一列小点，缘毛白色与黑褐色相间；后翅灰色，外缘色暗。老熟幼虫体长43～45毫米，体色变化很大，淡紫色、乳黄色至暗灰色，有黑灰色或黑色点和条纹，前胸两侧各有一灰色长毛束，头黄褐色，足黄色，翻缩腺黄红色。在黑龙江、辽宁、吉林一年发生一代，以卵越冬，翌年4～5月间孵化出幼虫，6月老熟幼虫在树冠叶从间、树皮裂缝内及杂草、灌木上结茧化蛹，7月羽化出成虫，产卵于树皮裂缝、盘根、伐根上（通常距地面2m以下产卵），每一雌蛾约产5～10个卵块，每一卵块由10～50粒卵组成，卵块外被黄白色胶体。

寄主 油杉、黄杉、云杉、冷杉、铁杉、华山松、赤松、云南松、落叶松、桧、麻栎、千金榆、柏、槲、水青冈、桦、山杨、柳、椴、山榆、槭、榆、花楸、榛、苹果、杏等。

分布 大兴安岭：新林、西林吉；黑龙江、吉林、辽宁、浙江、台湾、贵州、云南；日本、俄罗斯，欧洲。

盗毒蛾 *Porthesia similis* (Fueszly)

别名 黄尾毒蛾、金毛虫、桑叶毒蛾、桑毛虫

形态 翅展雄 30 ～ 40 毫米，雌 35 ～ 45 毫米。触角干白色，栉齿棕黄色；下唇须白色，外侧黑褐色；头部、胸部和腹部基部白色微带黄色，腹部其余部分和肛毛簇黄色；前、后翅白色，前翅后缘有两个褐色斑，有的个体内侧褐色斑不明显。幼虫体长 20 ～ 25 毫米，第 1 和第 2 腹节宽，头部褐黑色，有光泽，体黑褐色，前胸背板黄色，上有两条黑色纵线，体背面有橙黄色带，带在第 1 ～ 2 腹节和第 8 腹节中断，正中有一红褐色间断的线；亚背线白色，气门线红黄色，前胸两侧各有一向前突出的红色瘤，其上生黑色长毛束和白褐色短毛，其余各节背瘤黑色，有黑褐色长毛和白色羽状毛。在华北一年发生两代，以 3 龄幼虫在树皮缝隙中或枯枝落叶层内作茧越冬。翌年 4 月底幼虫开始危害叶芽，6 月中旬化蛹，6 月下旬成虫出现，成虫夜间活动，产卵在枝干上或叶片反面，每一卵块大约由 100 ～ 600 粒卵组成，表面被黄毛。幼虫孵化后聚集在叶片上危害叶肉，2 龄后开始分散为害，7 月下旬至 8 月初第二代成虫出现。10 月初幼虫进入越冬状态，越冬幼虫有结网群居的习性。

寄主 柳、杨、桦、白桦、榛、桤木、山毛榉、栎、蔷薇、李、山楂、苹果、梨、花楸、茶藨子、桑、石楠、黄檗、忍冬、马甲子、樱、洋槐、桃、梅、杏、泡桐、梧桐等。

分布 大兴安岭：全区；河北、黑龙江、内蒙古、吉林、辽宁、山东、江苏、浙江、江西、福建、台湾、广西、湖南、四川、湖北、河南、甘肃、青海；朝鲜、日本、俄罗斯，欧洲。

角斑台毒蛾 *Teia gonostigma* (Linnaeus)

别名 杨白纹毒蛾、囊尾毒蛾、角斑古毒蛾

形态 翅展雄 25 ～ 36 毫米，体长雌 12 ～ 25 毫米。雄蛾前翅暗红棕色，基部有一具白色边的棕色斑；内线和外线黑棕色；横脉纹具白边；外线前缘外侧有一橙黄色斑；亚端线白色，不完整，在前缘和臀角处各形成一白色斑。后翅黑棕色。腹部含卵的雌蛾体粗壮；体被灰白色或淡黄色绒毛，翅退化，仅留翅痕迹。卵直径 0.7 ～ 0.9 毫米，近扁圆形，卵孔凹陷，呈花瓣状。初产时淡绿

色，后变淡黄色，孵化前呈灰褐色。老熟幼虫体长 33 ～ 40 毫米。头部黑色，具光泽；体黑灰色，被灰白色（或灰黄色）和黑色毛，亚背线上被白色短毛。亚背线和气门线为简短的红橙色带，体侧毛瘤橘黄色，背面和侧面毛丛由黑色长毛和白色毛组成；前胸前缘两侧各有一向前伸出的黑色长毛束；第 1 ～ 4 腹节背面中央有一棕色（褐黄色）毛刷；第 8 腹节背面中央有一向后伸得黑色长毛束；翻缩腺在第 6 ～ 7 腹节背面中央，呈灰褐色。

雄蛹体长约 11 毫米，圆锥形；雌蛹体长约 16 毫米，纺锤形，初化蛹时为淡黄绿色，羽化前变黑褐色，体被黄灰色或灰色短毛。茧灰黄色。

寄主 苹果、梨、桃、杏、山楂、花楸、悬铃木、柳、榆、羊、桦、桤木、山毛榉、栎、蔷薇、悬钩子、榛、泡桐、樱桃、花椒、落叶松等。

分布 大兴安岭：塔河、十八站；北京、河北、山西、内蒙古、辽宁、吉林、黑龙江、江苏、浙江、山东、河南、湖北、湖南、贵州、陕西、甘肃、宁夏；朝鲜、日本，欧洲。

舟蛾科 Notodontidae

本科与夜蛾科、虎蛾科、灯蛾科和毒蛾科等同属于夜蛾总科中的几个科，目前已知全世界有 3000 多种，我国有 370 种以上，约占全世界总种数的十分之一多。

成虫一般中等大小，少数较大或较小，大多褐色或灰暗色，少数洁白或其他鲜艳颜色，夜间活动，具趋光性，外表与夜蛾相似，但口器不发达，喙柔弱或退化；无下颚须；下唇须中等大，少数较大或微弱；复眼大多光滑无毛；多数无单眼；触角雄蛾常为双栉形，部分栉齿形或锯齿形具毛簇，少数为线形或毛丛形，雌蛾常与雄蛾异性 ，一般为线性，但也有与雄蛾同形的，如为双栉形，其分枝必较雄蛾短；胸部披毛和鳞浓厚，有些属背面中央有竖立纵行脊形或称冠形毛簇；鼓膜与夜蛾科不同，位于胸腹面一小凹窝内，膜向下；后足胫节有 1 ～ 2 对距；翅形大都与夜蛾相似，少数像天蛾或钩翅蛾，在许多属里，前翅后缘中央有一个齿形毛簇或呈月牙形缺刻，缺刻两侧具齿形毛簇或梳形毛簇，静止时两翅后褶成屋脊形，毛簇竖起如角；前后翅脉序与夜蛾总科中各科近似，但肘脉（Cu）三岔形，即5脉位于中室横脉中央，与3、4脉平行，前翅1（臀）脉一条，但基部分叉，7～10脉常共柄，有或无副室，后翅1脉两条，5脉有时微弱，6、7脉共柄，8（Sc+R1）脉与中室上缘平行至中室中部以后，但不超过中室；腹部粗壮，常伸出后翅臀角，有些种类基部背面具毛簇（基毛簇）或末端具毛簇（臀毛簇）。

幼虫体色大多鲜艳具斑纹，体形常较特异，身体背面平滑无突起或具峰突，具峰突时分有单突型、双突型和多突型等，胸足通常正常，只有少数种类中后足特别延长，臀足退化或特化成两个较长的尾角。本科幼虫大多静止时常靠腹足固着，头尾翘起，受惊时且不断摆动，形如龙舟荡漾，早有舟形虫之称，也是本科中名由来。幼虫以取食寄主叶为害，大多是阔叶林害虫，常发生在森林、防护林、行道树和苗圃，部分种类为害果树和竹林，少数种类为害禾本科农作物。

黑带二尾舟蛾 *Cerura feline* Butler

形态 体长25～27毫米，翅展68～72毫米。与杨二尾舟蛾很近似，不同的是：头和翅基片灰黄白色，颈板和胸部背面烟灰带灰黄白色。腹部背面黑色，每节中央有1大的灰白色三角形斑，斑内有2黑纹，前、后连成2条黑线；末端两节灰白色上只有1条黑纹。前翅灰白色，翅脉暗褐色；内线双股，波浪形，在中室下缘和A脉间较内曲，内衬1条雾状宽带；外线脉间锯齿形曲较前种深锐；亚端线几乎每一脉间的点都向内延长。后翅灰白微带紫色，翅脉黑褐色，基部和后缘带灰黄色，横脉纹黑色，端线由1列脉间黑点组成。幼虫与前种近似，但第4腹节侧面无白色条纹可易区别。

寄主 多种杨、柳。

分布 大兴安岭：图强；黑龙江、辽宁、河北、北京、甘肃；朝鲜、日本。

杨二尾舟蛾 *Cerura menciana* Moore

别名 双尾天社蛾、二尾柳天社蛾、贴树皮、杨二叉

形态 翅展雄 54 ～ 63 毫米，雌 59 ～ 76 毫米。下唇须黑色；头和胸部灰白微带紫褐色，胸背有两列 6 个黑点，翅基片有 2 黑点；腹背黑色，第 1 ～ 6 节中央有一条灰白色纵带，两侧每节各具一黑点，末端两节灰白色，两侧黑色，中央有 4 条黑纵线；前翅灰白微带紫褐色，翅脉黑褐色，所有斑纹黑色，基部有 3 黑点鼎立，亚基线由一列黑点组成，内线三道，最外一条在中室下缘以前断裂成 4 黑点，下段与其余两条平行，蛇形，内面两条在中室上缘前呈弧形开口于前缘，在中室内呈环形，以下双道，前端闭口，横脉纹月牙形，中线和外线（双道）深锯齿形，端线由脉间黑点组成，其中 4 ～ 8 脉上的点向内延长；后翅灰白微带紫色，翅脉黑褐色，横脉纹黑色。老熟幼虫头褐色两颊具黑斑，体叶绿色，第一胸节背面前缘白色，后面的一紫红色三角斑，尖端向后伸过峰突，以后呈纺锤形宽带伸至腹背末端，第 4 腹节靠近后缘有一白色条纹，纹前具褐边，体末端有两个可以向外翻缩的长尾角，褐色。在辽宁、山东、河北、宁夏等地一年两代，在陕西、河南等地一年三代，均以蛹在厚茧内越冬，幼虫为害多种杨、柳树叶，此外，由于老熟幼虫常在树干基部皮缝、树枝分叉处和屋檐木材下咬成碎屑吐丝黏合作茧化蛹，往往树木易风折，也有因电缆与树枝靠近，老熟幼虫甚至咬破电缆铅皮作茧，容易引起电路事故。

寄主 杨、柳。

分布 大兴安岭：塔河、韩家园；除新疆、贵州、云南、广西和安徽目前尚无记录外，几乎遍布全国；朝鲜、日本、越南。

短扇舟蛾 *Clostera albosigma curtuloides* (Erschoff)

形态 翅展雄 27 ～ 36 毫米，雌 323 ～ 8 毫米。外形与灰短扇舟蛾近似。但全体色较暗，灰红褐色，前翅顶角斑暗红褐色，在 3 ～ 6 脉间呈钝齿形曲较长，外线从前缘到 6 脉一段白色鲜明，齿形曲。

寄主 多种杨。

分布 大兴安岭：加格达奇、韩家园；黑龙江、吉林、河北、陕西、青海；日本、朝鲜、俄罗斯（西伯利亚东南部）。

杨扇舟蛾 *Clostera anachoreta* (Denis et Schiffermüller)

别名 白杨天社蛾、白杨灰天社蛾、杨树天社蛾、小叶杨天社蛾

形态 体长雄 11 ～ 17 毫米，雌 14 ～ 22 毫米；翅展雄 26 ～ 37 毫米，雌 34 ～ 43 毫米。下唇须灰褐色。触角干灰白到灰褐色，分支赭褐色。身体褐灰色，头顶至胸背中央黑棕色，臀毛簇末端暗褐色。前翅褐灰色到褐色，顶角斑暗褐色，扇形，向内伸至中室横脉，向后伸至 Cu1 脉；3 条横线灰白色具暗边；亚基线在中室下缘断裂，错位外斜；内线外侧有雾状暗褐色，近后缘处外斜；外线前半段穿过顶角斑，呈斜伸得双齿形曲，外衬锈红色斑，后半段垂直伸于后缘；中室下内外线之间有一灰白色斜线；亚端线由一列脉间黑点组成，其中以 Cu1 ～ Cu2 脉间的一点较大而显著；端线细，黑色。后翅褐灰色。幼虫头部黑色；全身密披灰黄色长毛；身体灰赭褐色，背面带淡黄绿色；背线、气门上线和气门线暗褐色，气门上线较宽；每节两侧各有 4 个赭色小毛瘤；第 1、8 腹节背中央各有一枣红色大瘤，其基部边缘黑色，两侧各伴有 1 个白点。

寄主 多种杨柳。

分布 大兴安岭：塔河；除广东、广西、海南和贵州外，全国各地均有记录；日本、朝鲜、印度、斯里兰卡、越南、印度尼西亚，欧洲。

分月扇舟蛾 *Clostera anastomosis* (Linnaeus)

别名 银波天社蛾、山杨天社蛾

形态 翅展雄 27 ～ 37 毫米，雌 37 ～ 46 毫米。体和双翅灰褐到暗灰褐色；头顶到胸背中央黑棕色；前翅顶角斑扇形模糊红褐色，3 条灰白色横线与杨扇舟蛾相似，但内线略外拱，外线在 5 脉前稍弯曲，内外线之间有一斜伸的三角形影状斑，横脉纹圆形，暗褐色，中央有一灰白色线把圆斑横割成两半，亚端线由一列黑褐色点组成，波浪形，在 3 脉呈直角弯曲，3 脉以前其内侧衬一波浪形暗褐带。幼虫头黑色，身体红褐色披淡褐色毛，背部两侧黄色具黑点，在第 2、3 胸节和从第 2 腹节始，于黑点上有两个小黄疣，两边各有一小红瘤，在第 1、8 腹节背面的大黑瘤上具黑毛并有 4 个馒头形小毛瘤。在大兴安岭地区一年一代，8、9 月间三龄幼虫在落叶间吐丝缀叶作薄茧越冬，翌年 5 月下旬开始

恢复活动，上树群居为害，四龄后逐渐分散，6月中下旬老熟幼虫在树上叶间吐丝结茧化蛹，7月羽化成虫，卵产后10天左右孵出幼虫，群栖为害，受惊后能吐丝下垂，大发生时常将整株树叶吃光。

寄主 多种杨、柳。

分布 大兴安岭：加格达奇、新林、图强、十八站；黑龙江、吉林、辽宁、内蒙古、河北、江西、湖南、湖北、青海、四川、云南；日本、朝鲜、蒙古、俄罗斯，欧洲。

漫扇舟蛾 *Clostera pigra* (Hufnagel)

形态 翅展24.5～29毫米。外形与杨扇舟蛾近似。但个体较小，全体底色较暗，前翅带紫灰色，尤以中央和外缘较显著，亚基线和内线靠近，在内缘有点连接，外线在前缘呈一白色楔形纹，随后在6脉稍外曲，以后几乎直向内斜伸达臀角内侧，从内外线间的中室下缘中央到外缘有一逐渐变淡的暗色斑，似与扇形斑连成一大片，外线和亚端线间的前缘部分有一红褐色楔形斑；后翅暗褐到灰黑色。幼虫灰到黑灰色或带绿色，毛灰黄色，第1、8腹节上的瘤扁平黑色，气门上线为两列暗点，每一暗点上生有一小黄疣，气门线断续黄色双道。

寄主 柳、杨。

分布 大兴安岭：加格达奇；吉林、甘肃；朝鲜、俄罗斯，欧洲。

银二星舟蛾 *Euhampsonia splendida* (Oberthür)

形态 翅展雄59～64毫米，雌74毫米。头和颈板灰白色；胸背和冠形毛簇柠檬黄色；腹背淡褐黄色；前翅灰褐色，前缘灰白色，尤以外侧1/3较显著，2脉和中室下缘下方的整个后缘区柠檬黄色，外缘4

～6脉缺刻不连成一个，内外线暗褐色呈“V”形汇合于后缘中央，横脉纹由两个银白色圆点组成，银点周围柠檬黄色；后翅暗灰褐色，前缘灰白色。幼虫粉绿色。

寄主 蒙古栎。
分布 大兴安岭：加格达奇；黑龙江、吉林、辽宁、河北、陕西、安徽、江西、浙江、湖北、湖南；日本、朝鲜、俄罗斯（沿海地区）。

栎纷舟蛾 *Fentonia ocypete* (Bremer)

别名 细翅天社蛾、罗锅虫、花罗锅、屁豆虫、气虫、旋风舟蛾

形态 体长雄17～20毫米、雌19.5～22.5毫米；翅展雄44～48毫米、雌46～52毫米。头和胸部褐色与灰白色混杂。腹部灰褐色。前翅暗灰褐色，有些标本稍带暗红褐色；内线模糊双股，黑色浅波浪形；内线以内的亚中褶上有一黑色纵纹（有时带暗红褐色）；外线黑色双股平行，从前缘到Cu2脉浅锯齿形（有时平滑不呈锯齿形），向外弯曲，以后呈2、3个深锯齿形曲伸达后缘近臀角处，其中靠内面1条较模糊，外面1条外衬灰白边；横脉纹为1苍褐色圆点，中央暗褐色；横脉纹与外线间有1模糊的棕褐色到黑色椭圆形大斑；亚端线模糊，暗褐色锯齿形；端线细，黑色；脉端缘毛黑色，其余暗灰褐色。后翅苍灰褐色（有时灰白色），臀角有一模糊的暗斑；外线为一模糊的亮带。老熟幼虫头部肉色，每边颅侧区各有6条黑色细斜线，其中有2条较短。胸部叶绿色，背中央有一个内有3条白线的“工”字形黑纹，纹的两侧衬黄边。腹部背面白色，由许多灰黑色和肉红色细线组成美丽的花纹图案，前者从第1腹节到第3腹节呈环状椭圆形，紧接呈“人”字形伸到第8腹节两侧，另外从第7腹节中央“人”字形分岔口到腹末中央呈一宽带形；气门线宽带形，由许多灰黑色细线组成；气门上线仅在第2到第7腹节可见，由每节一黑色细斜纹组成；第4腹节背中央有一较大的黄点；此外，第6腹节中央有5个，第7腹节中央也有5个和两侧有2个，以及第8腹节中央和两侧各有2个小黄点。

寄主 柞栎、麻栎、日本栗、蒙古栎等。
分布 大兴安岭：加格达奇；北京、山西、黑龙江、吉林、江苏、福建、江西、湖北、湖南、广西、重庆、四川、贵州、云南、陕西、甘肃；日本、朝鲜、俄罗斯。

燕尾舟蛾绯亚种 *Furcula furcula sangaica* (Moore, 1877)

别名 小双尾天社蛾、中黑天社蛾、黑斑天社蛾

形态 翅展 33 ~ 41 毫米。头和颈板灰色；胸背有 4 条黑带，带间具赭黄色；腹背黑色，每节后缘衬灰白色横线；前翅底色浅灰色，内外线之间较暗，呈烟雾状，内线为一中间收缩的黑色宽带，两侧衬赭红色或赭黄色，带外侧隐约有黑线相衬，一般仅在前、后缘和中间一点较可见，外线双道，黑色锯齿形，外面一条从前缘至 4 脉一段呈逐渐变细的斑，横脉纹为一黑点；后翅白色。幼虫头浅红褐色，体绿色，背部两侧各有一红黄色纵带，在腹背呈弧形。在宁夏一年两代，9 月老熟幼虫在树干结茧化蛹越冬，翌年 4 月上、中旬羽化第一代成虫，幼虫在 6 月中、下旬为害，第二代成虫于 7 月下旬 8 月上旬出现。

寄主 多种杨、柳。

分布 大兴安岭：新林、呼中；黑龙江、吉林、内蒙古、河北、宁夏、新疆、陕西、山西、湖北、江苏；朝鲜、日本、俄罗斯（西伯得亚南部）。

黄二星舟蛾 *Lampronadata cristata* (Butler)

别名 槲天社蛾、大光头

形态 翅展雄 65 ~ 75 毫米，雌 72 ~ 88 毫米。头和颈板灰白色，胸背灰黄带赭色；腹背褐黄色；前翅黄褐色，中部横线间较灰白，有三条暗褐色横线，内外线较清晰，内线微曲，外线稍直，中线呈松散带形，横脉纹由两个同大的黄白色小圆点组成；后翅褐黄色。幼虫头大球形，全体粉绿色具光泽，第 1 ~ 7 腹节每节气门上侧有一浅黄白色斜线，每一斜线向后伸至后一节。在黑龙江、辽宁、吉林一年一代，以蛹在土中越冬，翌年 7 月左右羽化，幼虫期 8 ~ 9 月，大发生时整株柞叶被吃光，不仅严重影响柞树生长，而且与柞蚕争食，是柞蚕生产上一大害。

寄主 柞树和蒙栎等。

分布 大兴安岭：塔河、加格达奇；黑龙江、吉林、辽宁、河北、山东、江苏、浙江、安徽、江西、陕西、四川、湖北；日本、朝鲜、俄罗斯（沿海地区）、缅甸。

双齿白边舟蛾 *Nerice leechi* Staudinger

形态 翅展雄 37～45 毫米，雌 47～48 毫米。外形与榆白边舟蛾近似。但头和颈板棕褐色；胸背冠形毛簇末端赭色；前翅前半部后方边缘在 2 脉中央下方和中室中央下方各呈一大一小的齿形曲，在外缘 4～6 脉间呈一内向齿形曲，前缘外半部灰白色影状斑不如前种明显；内线不清晰，在中室中央下方不膨大成 1 圆形斑点；外线前段较清晰弯曲；横脉纹为 1 清晰的棕褐色点，边缘灰褐色。后翅褐色。

寄主 不详。
分布 大兴安岭：加格达奇、韩家园；黑龙江、吉林。

黄斑舟蛾 *Notodonta dembowskii* Oberthür

形态 翅展 43～48 毫米。头和胸背暗灰褐色；腹背灰褐色；前翅暗灰褐色，内外线间的后缘和外线外前缘处各有一浅黄斑，内线以内基部的下半部暗红褐色，其内具黑色亚中褶纹，内线暗红褐色内衬灰白边，波浪形，外线双道平行外曲，亚端线暗红褐色，横脉纹为一黑点具白边；后翅褐灰色，臀角暗红褐色具灰白外带。

寄主 桦。
分布 大兴安岭：加格达奇；黑龙江、吉林、内蒙古、山西；日本、朝鲜、俄罗斯。

简舟蛾 *Notodonta jankowski* Oberthür，1879

别名 黄小内斑舟蛾

形态 体长雄 18～21 毫米、雌 20～22 毫米；翅展雄 43～48 毫米、雌 44～52 毫米。头和胸部背面暗褐色，颈板灰色具锈红色边，后胸背面中央有二锈红色点。前翅灰褐色，所有斑纹锈红色，中室下基部有一小点；亚基线双股微曲，中央有点断裂，双股中间浅黄色，在中室下向内扩散至基部；内线不清晰，双股锯齿形；横脉纹肾形，衬白色边；外线不清晰，双股锯齿形，双股中间灰白色；

亚端线由一列脉间锈红色点组成，每点内侧衬灰白色小点；端线较暗；脉端缘毛灰白色，其余灰褐色。后翅灰褐色；外线和亚端线模糊，灰白色；端线暗褐色；脉端缘毛灰白色，其余灰褐色。

寄主 不详。
分布 大兴安岭：塔河；黑龙江、吉林、辽宁；朝鲜。

烟灰舟蛾 *Notodonta torva* (Hübner)

形态 雄翅展 40 ～ 47 毫米。身体灰褐色；前翅暗灰褐色，所有斑纹暗褐色，内外线不清晰，分别衬灰白色内外边，外线锯齿形，在 6 脉上呈钝角形曲，2 脉以后稍外曲，横脉纹肾形，边灰白色；后翅浅灰褐色具灰白色外带。

寄主 杨属、桦属、榛属和桤木属。
分布 大兴安岭：加格达奇；黑龙江、吉林、河北；种的分布包括日本、俄罗斯，欧洲。

暗内斑舟蛾 *Peridea oberthuri* (Staudinger)

形态 体长雄 18 ～ 21 毫米，翅展 46 ～ 49 毫米。头和胸部背面暗灰褐色；腹部背面浅灰褐色。前翅灰褐色，内、外线之间掺有灰白色，内线以内的整个基部暗褐色，所有横线暗褐色；亚基线不大清晰，双齿形曲，从前缘伸至 A 脉，外衬灰白边；内、外线清晰，内线微波浪形，几乎呈直线伸达齿形毛簇基部，内衬灰白边；横脉纹不清晰，但周围灰白边可见；外线锯齿形，外衬灰白边；亚端线模糊难认；端线细。后翅灰褐色，前缘带灰白色；中线和外线暗褐色，均具灰白边，外线宽带形。

寄主 赤杨、毛赤杨和日本桤木。
分布 大兴安岭：塔河；黑龙江、吉林、辽宁、台湾；朝鲜、日本、俄罗斯。

圆掌舟蛾 *Phalera bucephala* (Linnaeus)

别名 银色天社蛾、牛头天社蛾、圆黄掌舟蛾

形态 翅展雄 52 ~ 56 毫米，雌 60 ~ 64 毫米。头顶、颈板和胸背前半部淡褐黄色，翅基片灰白色，基部有二暗棕色横线，后胸灰白色；腹背淡黄褐色；前翅灰褐色稍具光泽，基部和后缘较灰白，顶角斑大，近圆形，淡黄白色，亚基线黑褐色微波浪形，内外线双道，前者内面一条红褐色，外面一条黑色，后者正好相反；后翅黄白色，具不清晰暗褐色波浪形中线。幼虫头黑色，身体橙黄色具浅黄灰色毛，背线、亚背线、气门上线和气门下线黑色。在新疆一年一代，9 ~ 10 月老熟幼虫在杂草丛下或入土化蛹越冬，翌年 5 月中、下旬开始羽化，羽化期持续到 7 月中旬，幼虫 6 ~ 9 均有出现，幼龄群栖，常吐丝缠绕树枝和树叶，三龄后逐渐分散活动。

寄主 榆、柳、杨、桦、栎、榛、桤、槭、椴、花楸、胡桃、山毛榉以及梨、苹果和樱桃等果树。

分布 大兴安岭：西林吉；新疆、黑龙江；俄罗斯（西伯利亚），欧洲、非洲东北部和亚洲东部。

杨剑舟蛾 *Pheosia rimosa* Packard

别名 杨白剑舟蛾

形态 翅展雌 49 ~ 57 毫米。头暗褐色；颈板和胸背灰色；腹背灰褐色，近基部黄褐色；前翅灰白色，1 脉下从基部到齿形毛簇呈一灰黄褐斑，其上方有一条黑色影状纵带从基部伸至外缘，接着呈灰褐色向上扩散到近翅尖，纵带和黄褐斑之间有一白线从基部伸至 1 脉 2/5 处间断并呈齿形曲，在外缘亚中褶的前方有一白色楔形纹，前缘外侧 3/4 灰黑色，中央有两个距离较宽的影状斑，6 ~ 8 脉间有两条黑色斜纹，外线黑色内衬白边，2 ~ 4 脉端部白色；后翅灰白带褐色，臀角灰黑色内有一灰白色横线。

寄主 杨。

分布 大兴安岭：阿木尔、图强、十八站；黑龙江、吉林、内蒙古、河北；日本、朝鲜、俄罗斯。

灰羽舟蛾 *Pterostoma griseum* (Bremer)

形态 翅展雄52～53毫米。头、胸部褐黄色；腹背灰黄褐色；前翅灰褐色，翅尖较灰白，后缘有一锈红褐色斑，但从内线向内逐渐呈浅黄色，内梳形毛簇黑色，所有横线与斑纹与槐羽舟蛾相像，但缘毛暗红褐色；后翅灰褐色。

寄主 山杨、朝鲜槐。
分布 大兴安岭：加格达奇、韩家园、塔河、新林；黑龙江、吉林、河北、山西、陕西、四川、云南(北部)；日本、朝鲜、俄罗斯。

细羽齿舟蛾 *Ptilodon kuwayamae* (Matsumura)

形态 翅展雄35～40毫米，雌34～41毫米。头、颈板和翅基片黄褐色，中后胸背黄白色；腹部淡黄褐色；前翅黄褐色到茶褐色，齿形毛簇周围灰黑色，横线黑色，基线不清晰双齿形曲，内线锯齿形，其中以中室内和1脉上的较向外和较向内深曲，外线不清晰双道锯齿形，靠内面一条以4、6和7脉上的齿形曲较向外突出，靠外面一条模糊影状，外侧衬黄白边，从翅尖到外线的前缘上有三个黄白色点；后翅淡黄褐色，臀角灰黑色斑上有两条短的黄白色横线，外线为一很模糊的黄白带。

寄主 紫椴、白桦、绣线菊。
分布 大兴安岭：加格达奇；黑龙江、辽宁、河北；日本、俄罗斯(西伯利亚东南部)。

拟扇舟蛾 *Pygaera timon* (Hübner)

形态 体长13～16毫米，翅展40～45毫米。下唇须红褐色。头顶至胸部背面暗红褐色。腹部淡红褐色至灰褐色。前翅灰褐带淡红褐色，有4条灰白色横线。亚基线较细白，呈不规则弯曲，外衬3个红褐色斑，以中央一个最大，三角形，外角伸至内线；内线稍内曲；外线和亚端线在前缘处为醒目的白点；外线在M1脉上呈外齿形曲，然后向内斜伸至Cu1脉后稍内曲伸达后缘，前半段外衬红褐色斑；亚端线不清晰锯齿形；横脉纹为一模糊的灰白线。后翅灰褐色，具一模糊的灰白色外线。幼虫全体烟灰色，具灰色短毛。腹部第一节有 4 个小瘤，以下每节各有 2 个红色小瘤。腹足暗灰绿色。

寄主 山杨。
分布 大兴安岭: 加格达奇; 黑龙江、吉林、内蒙古; 欧洲、亚洲东部。

沙舟蛾 *Shaka atrovittatus* (Bremer)

别名 黑条沙舟蛾

形态 体长雄 20 ～ 25 毫米、雌 24 ～ 26 毫米；翅展雄 47 ～ 57 毫米、雌 60 ～ 64 毫米。头和胸背灰褐色，颈板前、后缘具棕黑色横线，翅基片边缘具黑线。腹部浅灰黄褐色。前翅青灰带棕色，前、后缘青灰色较浓；中室下方有一大条棕黑色的纵纹，从基部沿亚中褶向外伸至 Cu2 脉后稍向上翘，但不达于外缘；翅脉和横线棕黑色：基线不清晰，从前缘到纵纹一段隐约可见，双齿形曲；内线呈不规则锯齿形；横脉纹黑色，周围较明亮；外线锯齿形，外衬灰白边；外线外侧近翅顶和 M3 ～ M1 脉间各有一棕黑色斑；端线细；脉端两侧缘毛棕黑色，其余灰褐色。后翅灰褐色，基部和内缘较淡，外半部翅脉和端线暗褐色；具模糊灰白色外带；缘毛同前翅。老熟幼虫体长 49 ～ 53 毫米，全体粉绿色，腹面叶绿色，气门橘红色，气门下线黄白色，胸足基节黑色，其余暗红色。

寄主 槭属。
分布 大兴安岭：塔河；黑龙江、吉林、辽宁、河北、北京、江西、湖南、四川、云南、陕西、甘肃、台湾；日本、朝鲜、俄罗斯。

艳金舟蛾 *Spatalia doerriesi* Graeser

形态 雄翅展 39 ～ 43 毫米。头和颈板暗灰褐色；胸背赭黄到锈红褐色；腹部灰黄褐到暗褐色；前翅暗灰褐或黄褐色，基部有一黑点，中室下缘中央有一大三角形银斑，斑的两侧上下端共伴有 4 个银点，上端的较大，外上端的 2、3 脉基部呈双齿形，其外侧又衬有两个小银点，银斑周围锈红褐色，前缘中央稍灰白色，有2～3条斜伸的影状带，外线仅从前缘到4脉一段可见，灰黄白色两侧具暗边，亚端线灰黄白色锯齿形，从6脉端部开始呈一楔形纹，外线与亚端线间有一模糊暗带；后翅暗灰褐色。

寄主 蒙古栎。

分布 大兴安岭：加格达奇；黑龙江、吉林、陕西、四川；日本、朝鲜、俄罗斯。

枯叶蛾科 Lasiocampidae

本科是中等至大型的蛾类，体躯粗壮，被厚毛，后翅肩叶发达，静止时形似枯叶状，由此而得名。雌雄触角均为双栉齿形。雄蛾通常略小于雌蛾，比较活泼，有较强的飞翔力。眼有毛，喙不发达，下唇须较长，向前突出如喙。足多毛，翅普通或很大，缺翅缰。幼虫大型，多毛，俗称毛虫，胸部第二和第三背板上具有深蓝色闪光的毒毛(触人肌肤引起肿痛)。化蛹前幼虫吐丝结成坚固的茧，蛹居丝茧内，因此亦有称茧蛾科的。幼虫的颜色和成虫翅面的斑纹变化较多。卵平滑，球形或卵形，常在枝梢或针叶上产卵成块状、带状或顶针状，有的盖以胶质或鳞毛。本科已知1400种以上，分布广，尤其热带地区更为丰富。本科大都是森林和果树的害虫。

杉小枯叶蛾 *Cosmotriche lobulina lobulina* (Denis et Schiffermüller)

形态 翅展雌34～46毫米，雄33～35毫米。雌蛾全体灰褐色，触角黄褐色；前翅中室端一银白色三角形斑点，内、外横线间形成黑褐色宽带，内、外侧有灰白色镶边，亚外缘斑列仅上半部靠顶角区明显，下部不明显；后翅无斑纹；全翅缘毛为黑褐色和白色相间。雄蛾色泽较深，为赤褐色。

寄主 云杉、冷杉、落叶松等。
分布 大兴安岭：呼中、塔河、韩家园；黑龙江（大小兴安岭）；日本、俄罗斯、蒙古。

落叶松毛虫 *Dendrolimus superans* (Butler)

形态 翅展雌 70 ～ 110 毫米，雄 55 ～ 76 毫米。体色有灰白、棕色、赤褐、黑褐；前翅较宽，外缘呈波状，倾斜度较小，外横线齿状，内、中、外横线深褐色，亚外缘斑列黑褐色，其最后两斑点若连一直线与外缘几乎平行，中室白斑大而明显；头、胸及前翅色较深，腹及后翅色较浅，前翅斑纹变化较大：有的斑纹不明显，有的横线一侧衬以淡色斑纹，有的中、外横线间形成深色宽带，有的亚外缘斑列连成粗横线等；后翅中间有淡色斑纹。雄性外生殖器之阳具呈尖刀状，前半部密布骨化小齿，小抱针长度为大抱针的 2/3，抱足末端高度骨化，粗大钩状齿密布端缘。雌蛾外生殖器之中前阴片略呈等腰三角形，侧前阴片近四方形。在我国东北地区，由北到南为二年一代，三年二代，或一年一代。4 ～ 5 月间幼虫上树取食松针，7 ～ 8 月成虫出现，9 ～ 10 月间幼虫开始下到落叶层下越冬。

寄主 红松、落叶松、云杉、冷杉、樟子松、油松。
分布 大兴安岭：全区；黑龙江、辽宁、吉林、河北（北部）、北京、新疆；俄罗斯、朝鲜、日本。

草纹枯叶蛾 *Euthrix potatoria* (Linnaeus)

别名 牧草毛虫

形态 翅展雄45～53毫米，雌54～63毫米。下唇须发达向前突出。触角羽枝部分较长。体色变化较大，由淡黄至黄褐色。前翅中室端有一淡黄色近椭圆形斑纹，其上方有一小白斑；由翅顶至后缘有一条深褐色斜线；亚外缘斑列呈长形斜列；前翅基部呈褐色弧形线；亚外缘斑列至外缘及后翅外半部紫褐色；中室下部至后缘金黄色。后翅前半部黄褐色，缘毛较长、黄褐色。

寄主 竹、芦等禾本科植物。

分布 大兴安岭：塔河、十八站；黑龙江；朝鲜、日本，欧洲。

杨枯叶蛾 *Gastropacha populifolia* (Esper)

形态 翅展雌54～96毫米，雄38～61毫米。体翅黄褐；前翅窄长，内缘短，外缘呈弧形波状，前翅呈5条黑色断续的波状纹，中室端呈黑色褐色斑；后翅有3条明显的黑色斑纹，前缘橙黄色，后缘浅黄色；前后翅散布有少数黑色鳞毛。体色及前翅斑纹变化较大，有呈深黄褐色、黄色等，翅面斑纹模糊或消失。在我国东北地区，每年发生一代，以幼龄幼虫在树皮缝、枯叶中越冬。

寄主 苹果、李、杏、梨、桃、杨、柳树类的树叶。

分布 大兴安岭：松岭、呼中、韩家园、新林、图强、加格达奇；东北、华北、华东、西北、西南；俄罗斯、朝鲜、日本，欧洲。

李枯叶蛾 *Gastropacha quercifolia* (Linnaeus)

形态 翅展雌60～84毫米，雄40～68毫米。体翅有黄褐、褐、赤褐、茶褐等；触角双栉状，唇须向前伸出，蓝黑色；前翅中部有波状横线3条，外线色淡，内线呈弧状黑褐色，中室端黑褐色斑点明显，外缘齿状呈弧形，较长，后缘较短，缘毛蓝褐色；后翅有两条蓝褐色斑纹，前缘区橙黄色。静止时后翅肩角和前缘部分突出，形似枯叶状。在我国北方地区每年发生一代，以幼龄幼虫在树皮缝中越冬，7月间成虫出现。

寄主 苹果、李、沙果、梨、梅、桃、柳等。

分布 大兴安岭：新林、阿木尔、加格达奇、松岭；东北、华北、华东、中南各地；俄罗斯、朝鲜、日本，欧洲。

黄褐天幕毛虫 *Malacosoma neustria testacea* (Motschulsky)

形态 翅展雌 29 ～ 40 毫米，雄 24 ～ 33 毫米。雄蛾体翅黄褐色，前翅中部有两条深褐色横线，两横线间色泽稍深，形成上宽下窄的宽带；触角鞭节黄色，羽枝黄褐色，外缘毛有褐色和白色相间。雌蛾前翅中部两条深褐色横线，两线中间为深褐色宽带，宽带外侧有一黄褐色镶边；触角黄褐色，体翅褐色。每年发生一代，以卵越冬，第二年早春树木萌芽后卵开始孵化，幼虫群居在树枝叶间吐丝，作成丝幕状巢，夜间为害，白天躲进巢内。此类昆虫以此得名，幼虫老熟期分散活动，在北京 5 月下旬到 6 月中旬成虫出现，产卵于细枝条上，呈顶针状卵块。

寄主 主要有桃、杏、苹果、梨、栎、杨等。

分布 大兴安岭：全区；东北、华北、山东、江苏、河南、湖南、江西、浙江、安徽、四川、湖北、甘肃。

苹枯叶蛾 *Odonestis pruni* (Linnaeus)

形态 翅展雌 40 ～ 65 毫米，雄 37 ～ 51 毫米。全体橘红色；前翅内、外横线黑褐色，呈弧形，亚外缘斑列隐现深色线纹，外缘呈波状，外缘毛深褐色不太明显，中室白斑大而明显，呈圆形或半圆形；后翅色泽较浅，有 2 条不太明显的深褐色斑纹。在我东北地区年发生一代。幼龄幼虫在树皮缝、枯叶内越冬，成虫 7 月份出现。在我国南方第二代成虫在 9 ～ 10 月出现。幼虫夜间取食，白天静止于枝干上。

寄主 苹果、李、梅、樱桃科树木。

分布 大兴安岭：新林、松岭、塔河、图强、加格达奇、韩家园；东北、华北、华东、中南各省（自治区）；日本、朝鲜，欧洲。

夜蛾科 Noctuidae

中等至大型蛾类。成虫喙多发达，静止时卷缩，少数喙短小，下唇须普遍存在，向前或向上伸，少数向上弯至后胸，极少种类有下颚须，多有单眼，复眼大，半球形，少数种类复眼较窄，呈肾形，额骨化很强，额突起的形状有许多变化，触角有线状、锯齿状、栉状等；胸部有毛或鳞片，中足胫节有一对距，后足胫节有两对距，切根夜蛾亚科和赏夜蛾亚科胫节有刺；翅的斑纹丰富，翅脉较一致，前翅属于四岔型，一般有副室；后翅有四岔型和三岔型，Sc 和 R 脉有部分合并，但不超过中室之半，翅缰数量和翅缰钩形状是分类特征；有些种类腹部背面和末端有毛簇。体色一般较灰暗，热带和亚热带地区常有色泽鲜艳的种类。幼虫多为植食性，少数捕食其他昆虫。成虫多夜间活动，有些种类成虫吸食果汁。

首剑纹夜蛾 *Acronicta concerpta* (Draudt, 1937)

形态 体长 18 毫米左右；翅展 42 毫米左右。头部及胸部黑色杂以白色，下唇须第二节有黑条纹，颈板和翅基片有黑纹，足跗节有白黑条纹；腹部白色，有黑点；前翅白色，除中区外均密布黑点，基线双线黑色，波浪形，止于亚中褶，内线双线黑色，波浪形外斜，线间灰色，环纹微白，中央带褐色，黑边，肾纹内有褐圈，内缘黑色，中线外斜至肾纹然后微弱，外线双线黑色，锯齿形，线间白色，亚端线白色，端线为一列黑点；后翅白色，端区翅脉微黑。幼虫暗褐色，侧面淡褐色，有许多白色毛，各线由淡黄点组成，第十节有一黄白色斑，头部黑色有白斑。

寄主 杨、柳。

分布 大兴安岭：塔河；黑龙江、新疆；伊朗、土耳其、俄罗斯，欧洲。

黄剑纹夜蛾 *Acronicta lutea* (Bremer & Grey, 1884)

形态 翅展36毫米。头、胸灰白杂黑褐色；前翅黄白色，大部带黑褐，基线、内线、外线均双线黑色，环、肾纹黑边，亚端线黄白色；后翅黄色，端带宽，黑褐色；腹部灰色带褐色，基部黄色。

寄主 低矮草本植物。
分布 大兴安岭：韩家园；黑龙江、河北、湖北；日本、朝鲜。

拟剑纹夜蛾 *Acronicta vulpina* (Grote, 1883)

形态 成虫翅展37～42毫米。头、胸、腹部灰白色。前翅三角形，底色灰白色至淡灰色；外缘弧形内斜；翅脉略可见，在外缘可见黑色点斑；基部可见基纵线；多亚缘线明显可见。后翅乳白色；新月纹仅显一小点斑；翅脉隐约可见。

寄主 不详。
分布 大兴安岭：十八站。

桑剑纹夜蛾 *Acronicta major* (Bremer, 1861)

别名 桑夜蛾

形态 体长27～29毫米；翅展62～69毫米。头部及胸部灰白色略带褐色，下唇须第二节有黑环，额两侧黑色，触角基节后侧黑色，胫节侧面有黑纹；前翅灰白色略带褐色，基剑纹黑色，端部分枝，内线双线黑色，前端双线相距较大，环纹灰色黑边，不很完整，肾纹灰色黑边，斜长圆形，中央有一黑条，前方有一斜黑纹伸达前缘脉，中线外斜至肾纹，然后不显，外线双线锯齿形，外一线黑色，在5、6脉间有一黑纵线与外线交叉，端剑纹黑色，端线为一列黑点；后翅淡褐色，翅脉深褐色，外线褐色，横脉纹暗褐色。幼虫头部红褐色，体灰白色，散布淡褐色圆斑，每体节背面各具褐斑1个，3～6及8腹节上的最大，气门黑色，腹足4对，趾钩单序中带。

寄主 桑、桃、梅、李、柑橘。
分布 大兴安岭：塔河；黑龙江、湖北、四川；日本、俄罗斯（西伯利亚）。

炫夜蛾 *Actinotia polyodon* (Clerck, 1759)

形态 体长13毫米左右；翅展30毫米左右。头部及胸部棕色，额有灰白横条，头顶有灰白纹，颈板灰白色，基部、中部及端部各一黑棕色横线，翅基片中央白色，前胸毛簇基部白色，足褐色，前足胫节外侧有灰白毛；腹部黄褐色，毛簇端部黑色；前翅紫灰棕色，后缘区褐色带霉绿色，翅脉黑棕色，环纹白色极扁，亚中褶内半部有一棕黑色纵条，自此至中室白色，肾纹白色，中有褐窄圈，后半衬黑棕色，外线仅后半段现几个黑点，亚端线白色，强锯齿形，前段内侧白色扩展，中段外侧在各脉间有黑色尖纹，端线黑色间断，缘毛中部一黑线，3、4脉及7、8脉端的缘毛白色，其余褐色；后翅淡褐黄色，翅脉及端区褐色。幼虫红褐色，有暗点，背线黄色，亚背区有一列褐色斜斑，气门线黄色，头褐色。本种斑纹与间纹德夜蛾略似，但中、后足胫节具刺。

寄主 连翘。
分布 大兴安岭：韩家园；黑龙江、辽宁、新疆；日本，欧洲。

皱地老虎 *Agrotis clavis* (Hufnagel, 1766)

形态 体长17毫米左右；翅展41毫米左右。头部及胸部褐色杂灰色，下唇须外侧黑褐色，颈板中部有一黑横线，足外侧黑褐色，胫节及各跗节端部有白斑；腹部褐灰色；前翅淡褐灰色，前缘区色较深，基线双线黑色，内线双线黑色波浪形，剑纹窄长，黑边，环纹中央灰黑色，黑边，肾纹大，黑褐色，黑边，中线褐色模糊，外线褐色，锯齿形，双线，亚端线灰白色，内侧有一列黑褐色尖齿状纹，端线黑色；后翅淡褐色。幼虫淡褐灰色有暗斑，背线淡色暗边，亚背线上缘暗褐色，气门下线双线，头有黑斑。

寄主 藜、酸模等属。

分布 大兴安岭：塔河；河北、黑龙江、青海、四川；日本、印度、锡金，欧洲、中亚、非洲等。

黄地老虎 *Agrotis segetum* Schiffermuller

形态 体长 14 ～ 19 毫米；翅展 31 ～ 43 毫米。全体淡灰褐色，雄蛾触角双栉形；前翅灰褐色，基线、内线均双线褐色，后者波浪形，剑纹小，黑褐边，环纹黑边，中央一黑褐点，肾纹棕褐色，黑边，中线褐色，前半明显，后半细弱，波浪形，外线褐色锯齿形，亚端线褐色，外侧衬灰，翅外缘一列三角形黑点；后翅白色半透明前后缘及端区微褐， 翅脉褐色。雌蛾色较暗，前翅斑纹不显著。

寄主 棉花、玉米、高粱、烟草、小麦、甜菜、麻、马铃薯、瓜苗及各种蔬菜。

分布 大兴安岭：加格达奇；东北、西北、华北、华中、华东、西南；欧洲、非洲、亚洲。

八字地老虎 *Amathes c—nigrum* Linnaeus

形态 体长 11 ～ 13 毫米；翅展 29 ～ 36 毫米。头部及胸部褐色，颈板杂有灰白色；腹部灰褐色；前翅灰褐色带紫色，前缘区 2/3 淡褐色，中室后色较黑，环纹淡褐色，宽“V”形，肾纹较窄，中有深褐圈，黑边，中室除基部外均黑色，基线双线黑色，只达 1 脉，外侧在亚中褶处为一黑斑，内线双线黑色，剑纹小，外端黑边，外线不明显，双线锯齿形，齿尖在各脉上成黑点，亚端线淡，内侧一黑线，前端为黑斜条，外线与亚端线间的前缘脉有三个土黄点，端线为一列黑点；后翅淡褐黄色，端区较暗。幼虫头部褐色，有光泽，顶带宽，头顶有斑点，身体褐色，亚背线褐色，5 ～ 9 节有斜斑纹，其后为楔形，第 12 节最大，后有一横线，侧斑斜，反向，气门下线粗，桃红色，气门白色，底色黑。

寄主 杂食性。

分布 大兴安岭：新林；全国；美洲、欧洲、亚洲。

紫黑杂夜蛾 *Amphipyra livida* ([Denis & Schiffermuller],1775)

形态 体长21毫米左右；翅展45毫米左右。头部、胸部及前翅紫黑色，头顶有黄褐色，足有白点；腹部暗褐色，两侧及后端紫棕色；后翅粉黄色微带褐色，端区带有暗红色，顶角带棕黑色，外缘毛在2脉之前紫黑色。幼虫青色，背线灰青色，亚背线黄色，侧面有一黄色条。

寄主 蒲公英及其他矮小植物。

分布 大兴安岭：图强、塔河、十八站、韩家园；黑龙江、新疆、江苏、江西、湖北、贵州；日本、朝鲜、印度、俄罗斯（西伯利亚），欧洲等。

蔷薇杂夜蛾 *Amphipyra perflua* Fabricius

形态 体长30毫米左右；翅展48～60毫米。头部及胸部黑棕色杂淡褐色，足黑棕色，有淡褐纹，跗节有淡褐环；腹部灰褐色；前翅大部黑棕色，外线与亚端线间淡褐色，基线淡褐色，只前端可见，内线淡褐色，波浪形外斜，环纹扁斜，淡褐边，外线淡褐色，锯齿形，外侧有一列黑棕色尖齿状纹和一细褐线，亚端线淡褐色，略呈锯齿形，端线由一列棕褐半月纹组成，内侧灰白色；后翅褐色。幼虫灰青色，背线白色，第3～6节中断，第9节背面有隆起，有黄色斜纹。

寄主 柳、杨、山毛榉、栎及乌荆子等若干种蔷薇科植物。

分布 大兴安岭：加格达奇、新林、韩家园、阿木尔、图强；黑龙江、河北、新疆；俄罗斯，欧洲。

桦杂夜蛾 *Amphipyra schrenckii* Menetres,1859

形态 体长18～20毫米；翅展52毫米左右。头部及胸部褐色，额及触角基节带有白色；腹部暗灰色；前翅黑褐色，基线黑色，内线黑色，波浪形，环纹为一白点，肾纹小，内缘一白纹，内侧有一黑弧线，中线黑色，自前缘脉外斜至环、肾纹之间，外线黑色，外侧衬灰白色，锯齿形，亚端线微白，不明显，前端外侧有一大白斑，端线为一列黑点；后翅暗褐色。

寄主 桦。

分布 大兴安岭：塔河；黑龙江、湖北；日本、朝鲜、俄罗斯（西伯利亚）。

麦奂夜蛾 *Amphipoea fucosa* (Freyer, 1830)

别名 秀夜蛾

形态 体长 13 ～ 16 毫米；翅展 30 ～ 36 毫米；头部黄褐色，下唇须外侧褐色；胸部黄褐色；腹部灰黄色；前翅黄褐色，布有暗褐细点，基线褐色，内线双线褐色，波浪形，剑纹小，红褐色，褐边，环纹黄色带锈红色，褐边，肾纹黄色带锈红色，有一弧形褐纹，内缘直，中线褐色，后半段内斜，外线双线褐色，微呈锯齿形，亚端线褐色，细弱，端线褐色；后翅浅黄色微带褐色。本种体色变化较多，尤其前翅肾纹有几种不同的颜色。又本种外形与 *A.ussuriensis* 等不易区分，据雄蛾外生殖器可以鉴别。幼虫灰白色，背线紫红色。

寄主 小麦、大麦、玉米等。

分布 大兴安岭：加格达奇、新林、图强、十八站、韩家园。黑龙江、内蒙古、青海、新疆、河北、湖北；日本。

北奂夜蛾 *Amphipoea ussuriensis* Petersen

形态 体长 12 毫米左右；翅展 36 毫米左右。头部与胸部褐黄色，下唇须第三节端部黑色，颈板有黑纹，前胸毛簇端部黑色；腹部淡褐黄色，微带灰色；前翅褐黄色 ，微带红色，外半部带有暗棕色，尤其端区色最深，基线双线暗棕色，内线双线暗棕色，波浪形，环纹褐黄色，褐边，肾纹淡黄色，内缘直，内半部有一褐色弯钩形纹，外半部有一暗褐色锯齿形线，中线褐色，仅前半可见，外线双线暗褐色，微锯齿形，亚端线模糊褐色，端线为一列黑褐色新月形点，翅脉黑褐色；后翅黄褐色。

寄主 不详。

分布 大兴安岭：图强、韩家园；黑龙江、辽宁；日本。

黄绿组夜蛾 *Anaplectoides virens* (Butler, 1878)

别名 东风夜蛾

形态 体长24毫米左右；翅展62毫米左右。头部及胸部黄绿色杂黑色，下唇须第二节外侧黑色，颈板基半部有黑纹，端部黑色，翅基片边缘黑棕色杂少许白色；腹部黑灰色；前翅黑灰色，大部分带黄绿色，基线双线黑色，内斜至1脉，内线双线黑色外斜，后半波曲明显，线间黄绿色，剑纹肥大，大部黑色，环纹斜，前端开放，两侧黄绿及黑色，肾纹前后部黑色，中部红褐色，有肉色圈及黑边，中线黑色锯齿形，外线双线黑色锯齿形，线间黄绿色，亚端线黄绿色，稍间断，内侧一列齿形黑纹，端线为一列黑点；后翅暗灰褐色，缘毛白色。

寄主 不详。

分布 大兴安岭：韩家园；黑龙江、湖北；日本、朝鲜、印度。

修秀夜蛾 *Apamea oblonga* (Haworth, 1809)

形态 体长20～22毫米；翅展40～46毫米。头部及胸部暗褐色杂灰色，下唇须外侧及额较黑，触角基节有白斑；下胸及足灰色；腹部灰色，两侧有黑点列；前翅暗褐色带黑灰色，基线、内线双线黑色，线间灰色，剑纹黑边，环纹斜，黑边，肾纹有黑环，周围有5个白点，外线灰白色，锯齿形，齿尖在翅脉上成白点，亚端线灰白色，内侧有一列黑褐色尖齿纹，端线为一列黑点；后翅白色，端区带淡褐色。本种还有一变异，前翅灰白色带淡褐，各横线白色明显，剑纹外侧有明显的黑纵条达外线，环纹及肾纹较白，两纹间黑色。幼虫淡红赭色，毛突淡红棕色，头及胸红棕色。

寄主 早熟禾属。

分布 大兴安岭：加格达奇；黑龙江、宁夏、新疆；俄罗斯，欧洲。

镰大棱夜蛾 *Arytrura subfalcata* (Menetries, 1859)

形态 体长22毫米左右；翅展48毫米左右。头部及胸部暗褐色；腹部暗灰色；前翅暗褐色，密布灰白细点，端区褐灰色，内线黑色衬褐灰色，至中室内后波浪形外弯，环纹为一褐灰点，肾纹褐灰色，细窄并间断，外线黑色锯齿形，两侧衬褐灰色，外弯，亚端线三曲内斜，外方另一曲度相似的褐线，端线为一列新月形黑纹；后翅外线以内暗褐色，外线外方褐灰色，外线黑色锯齿形，两侧衬褐灰色，亚端线双线淡褐色，三曲，端线黑色波浪形。

寄主 不详。

分布 大兴安岭：加格达奇、韩家园；黑龙江、华中。

袜纹夜蛾 *Autographa excelsa* (Kretschmar,1862)

形态 体长 21 毫米左右；翅展 43 毫米左右。头顶及颈板红褐色杂少许暗灰色；胸部背面暗褐色带黑灰色；腹部淡黄色带褐色，毛簇红褐色；前翅灰褐色，内外线间在中室后浓棕色，带金光，基线、内线棕色，环纹银边，后方一袜形银斑，肾纹银边不完整，外线双线棕色，亚端线棕色；后翅黄色，外线及翅脉棕色。

寄主 不详。

分布 大兴安岭：加格达奇、图强；黑龙江、四川；日本、俄罗斯。

满丫纹夜蛾 *Autographa mandarina* Freyer

别名 满纹夜蛾

形态 体长 16 ～ 18 毫米；翅展 40 ～ 42 毫米。头部及胸部红棕色杂紫灰色及褐色；腹部淡红褐色，毛簇红棕色；前翅棕色杂紫灰色，基线、内线银色，在中室后两侧棕色，环纹棕色银边，后方有一弯丫形银纹，肾纹棕色带银边，外线双线棕色波浪形，线间银色，亚端线棕色，不规则锯齿形，端线棕色，内方有一列棕色斑块；后翅淡黄带棕，翅脉色暗棕。

寄主 胡萝卜，其他不详。

分布 大兴安岭：加格达奇、韩家园；河北、黑龙江；俄罗斯、日本。

毛眼夜蛾 *Blepharita amica* (Treitschke, 1825)

别名 毛眼地老虎

形态 体长22毫米左右；翅展52毫米左右。头部及胸部红棕色，颈板有暗棕色纹；腹部黄棕色；前翅红棕色，基线双线褐色，内线双线黑棕色，线间白色，波浪形，环纹斜圆形，白色褐心，黑褐边，肾纹白色，中有棕色圈，外线双线黑棕色，线间白色，线前半锯齿形，后半内斜，亚端线白色，在3、4脉成外突齿，两侧深棕色；后翅棕色。幼虫绿色有黄斑点。

寄主 乌头属、稠李。

分布 大兴安岭：加格达奇；辽宁；俄罗斯，欧洲。

云毛灰冬夜蛾 *Brachionycha nubeculosa* (Esper, 1785)

形态 成虫翅展45～49毫米。头和胸部密布灰白色长毛；腹部密布较短的灰色毛。前翅略狭长，多灰白色；顶角较尖锐；各翅脉上烟黑色条线明显。内横线黑色明显，其他横线略淡；环状纹呈小圆斑；肾状纹近似方形的大斑；基部后半部棕红色明显。后翅短圆，且淡灰白色；翅脉可见；新月纹呈烟黑色眼斑。

寄主 不详。

分布 大兴安岭：十八站。

白肾裳夜蛾 *Catocala agitatrix* Graeser, 1888

形态 体长21～24毫米；翅展52～56毫米。头部褐灰色，额两侧有黑斑，颈板灰黄色，胸部褐灰色；腹部黄褐色，基部稍带灰色，腹面白色；前翅褐色带青灰色，基线黑色达亚中褶，内线黑色，微呈波浪形外斜，中线褐色模糊，肾纹白色，中有隐约的暗圈，后方有一黑边的褐灰色，并以一黑线与外线相连，外线黑色锯齿形，亚端线灰白色，锯齿形，两侧色暗褐，端线由一列衬以白色的黑点组成；后翅黄色，中带黑色，在亚中褶处折向内伸达翅基部，后缘有一黑纵纹，端带黑色，在亚中褶后断为一黑圆斑。

寄主 不详。
分布 大兴安岭：加格达奇；黑龙江；日本。

苹刺裳夜蛾 *Catocala bella* Butler, 1877

形态 体长 23 ~ 25 毫米；翅展 52 ~ 56 毫米。头及颈板赭褐色，胸部灰棕色；腹部背面暗褐色；前翅蓝灰色带黑褐色，基线、内线黑色波浪形，肾纹褐色，边缘灰色及暗褐色，外线黑色，锯齿形，在 2 脉处内凸并膨大，达 2 脉基部，亚端线蓝灰色，两侧黑褐色，锯齿形，端线为一列黑白相衬的点；后翅黄色，基部及后缘区黑褐色，中带黑色，中部外弓，端区一黑色宽带，顶角淡黄色。

寄主 苹果等。
分布 大兴安岭：加格达奇、十八站；黑龙江；日本。

栎裳夜蛾 *Catocala dissimilis* Bremer, 1861

形态 体长 20 毫米左右；翅展 50 毫米左右。头部及胸部黑棕色，头与颈板杂有白色；腹部暗褐色；前翅灰黑色，内线以内色深，基线黑色，内线粗，黑色，内侧衬灰色，外侧有一灰色白斜斑，较模糊，肾纹不清晰，黑边，外线黑色，锯齿形，自 6 脉后内斜，但在 2 脉处内伸至肾纹后端再返回，凹入处白色明显，外线外侧衬白色，亚端线白色，锯齿形，两侧衬黑色，端线为黑白并列的点组成；后翅黑棕色，顶角白色。

寄主 蒙古栎。
分布 大兴安岭：加格达奇、新林；黑龙江、湖北；日本。

茂裳夜蛾 *Catocala doerriesi* Staudinger, 1888

形态 体长 27 毫米左右；翅展 60 毫米左右。头部及胸部黑棕色杂白色；腹部黄褐色；前翅黑棕色杂灰色，基线黑色达亚中褶，此处有一黑纵纹，内线双线黑色，波浪形，线间灰色，外侧有一灰白斜斑，自前缘至中脉，肾纹褐灰色，黑边，中央有黑圈，后方有一黑边的灰白斑，斑内有一些细黑点，外线黑色，自6脉后锯齿形，在亚中褶处内伸成明显黑纵条，外线内侧有一白纹，自前缘至5脉，外线中段外侧衬白色，亚端线白色，锯齿形，两侧略黑，端线为一列黑点；后翅黄色，中带黑棕色，亚中褶有一黑棕色纵条伸达中带，端带黑棕色，缘毛中段有一列小黑斑。

寄主 不详。
分布 大兴安岭：韩家园；黑龙江、湖北。

栎刺裳夜蛾 *Catocala dula* Bremer, 1861

形态 体长27～28毫米；翅展60～65毫米。头部及胸部褐色杂白色及黑色；腹部灰褐色；前翅褐色，布有白色细点，基线黑色达亚中褶，内线黑色，双线，波浪形外斜，外一线在亚中褶处较明显外突，前半外方有一白色斜斑，肾纹白色，有较粗的黑圈，边缘黑色，后方一斜椭圆形黑边的白斑，外线双线黑色锯齿形，在5脉前成一大外突齿，前段内侧带白色，后半段与内线间带白色，亚端线双线黑色，锯齿形，线间微白，端线由一列外侧衬黄的黑点组成，缘毛端部黑白相间；后翅红色，中部一黑色双曲带，端区一黑色宽带，其内缘双曲，缘毛黑白相间。

寄主 蒙古栎、槲。
分布 大兴安岭：加格达奇、新林、十八站、韩家园；黑龙江；俄罗斯、日本。

椴裳夜蛾 *Catocala electa* (Vieweg, 1790)

形态 体长31～34毫米；翅展67～71毫米。头部及胸部灰色杂黑褐色，颈板黄褐色；腹部灰褐色，腹面较白；前翅灰褐色，基线黑色，只达中室，内线黑色，前端粗，外斜至亚中褶，然后波曲，前半外侧有一白色斜斑，肾纹黑褐色，边缘灰白，外线黑色，外侧衬白色，在4～6脉间成二外凸齿，在2脉处内凸，内侧4～8脉间有一白色模糊大斑，亚端线白色，锯齿形，端线由黑色衬以白色的点组成；后翅黑棕色，外线为黄白色宽带，顶角黄白色，外缘黑白色相间。

寄主 紫椴、糠椴。
分布 大兴安岭：松岭、新林、塔河、西林吉。河北、黑龙江、辽宁；日本、朝鲜。

缟裳夜蛾 *Catocala fraxini* (Linnaeus, 1758)

形态 体长 38 ～ 40 毫米；翅展 87 ～ 90 毫米。头部及胸部灰白色杂黑褐色，颈板中部有一黑色横纹；端部黑色；腹部背面黑色，节间紫蓝色，腹面白色；前翅灰白色，密布黑色细点，基线黑色，内线双线黑色，波浪形，肾纹灰白色，中央黑色，后方有一黑边的白斑，一模糊黑线自前缘脉至肾纹，外侧另一模糊黑线，锯齿形达后缘，外线双线黑色锯齿形，亚端线灰白色锯齿形，两侧衬黑色，端线为一列新月形黑点，外缘黑色波浪形；后翅黑棕色，中带粉蓝色，外缘黑色波浪形，缘毛白色。幼虫灰褐色，有黑点，第 5 及第 8 腹节背面有尖突。

寄主 柳、杨、槭、榆等。
分布 大兴安岭：加格达奇、松岭、塔河、图强；黑龙江；日本，欧洲。

光裳夜蛾 *Catocala fulminea* (Scopoli, 1763)

形态 体长 21 ～ 23 毫米；翅展 51 ～ 54 毫米。头部及胸部紫灰色，头顶、颈板大部分黑棕色；腹部褐灰色；前翅紫灰色带棕色，内线黑色外斜，后半稍曲折，内侧大片浓棕色，肾纹灰色，中有黑棕圈，外侧有几个黑尖齿，前方有一浓棕斜条，外线黑色，锯齿形，在 2 脉处内凸达肾纹后，亚端线灰色锯齿形，内侧棕色，外缘近顶角处有一暗棕斜纹，端线黑棕色；后翅黄色，中带黑色外弯，端带黑色，在亚中褶处窄缩，亚中褶有一黑棕条达中带。幼虫灰或棕色，第 6 腹节有长疣突，第 2 及 9 腹节各有二尖突。

寄主 乌荆子、梅、梨、山楂、槲。
分布 大兴安岭：塔河；黑龙江。

裳夜蛾 *Catocala nupta* (Linnaeus,1767)

形态 体长 27 ~ 30 毫米；翅展 70 ~ 74 毫米。头部及胸部黑灰色，颈板中部有一黑横线；腹部褐灰色；前翅黑灰色带褐色，基线黑色达中室后缘，内线黑色双线波浪形外斜，肾纹黑边，中有黑纹，外线黑色，锯齿形，在 2 脉内凸至肾纹后，亚端线灰白色，外侧黑褐色，锯齿形，端线为一列黑长点；后翅红色，中带黑色弯曲，达亚中褶，端带黑色，内缘波曲，顶角一白斑，缘毛白色。幼虫灰色或灰褐色，第 5 腹节有一黄色横纹，第 8 腹节背面隆起，有两条黑边的黄纹。

寄主 杨、柳。
分布 大兴安岭：加格达奇、新林；河北、黑龙江、新疆；日本、朝鲜，欧洲。

红腹裳夜蛾 *Catocala pacta* (Linnaeus,1758)

形态 体长 23 ~ 25 毫米；翅展 48 ~ 50 毫米。头部及颈板灰白色杂少许褐色，颈板近端部有一黑褐线，下唇须端部带有黑色，额两侧有黑纹；翅基片两侧有黑线，后胸黑褐色，有一灰红色毛簇，前足胫节及跗节带黑色；腹部背面绯红色；前翅赭灰色，基线、内线黑色，肾纹中央一黑纹，边缘黑色，后方有一黑边灰斑，以一暗线与外线相连，外线黑色，锯齿形，亚端线褐色，锯齿形，端线为一列黑点；后翅绯红，中带黑色，平稳外弯至亚中褶，端带黑色，前宽后窄，缘毛白色。幼虫灰白色带黑，背部有 K 形斑，第 5 腹节有微黑突起。第 8 腹节有一对小突起。

寄主 柳。
分布 大兴安岭：全区；黑龙江、新疆；蒙古，欧洲等。

壶夜蛾 *Calyptra thalictri* (Borkhausen,1790)

别名 羽壶夜蛾
形态 体长 20 ~ 22 毫米；翅展 44 ~ 46 毫米。头部及胸部褐色杂灰白色，颈板有褐色横纹；腹部黄灰色；前翅褐色，布粉红色细纹，基

线、内线棕色内斜，中线棕色微弯，肾纹暗棕色边，外线隐约可见外弯，后半内斜，一黑棕线自顶角内斜至后缘中部，其外侧衬粉红色；后翅褐色，外线色暗，端区微黑，缘毛黄色。

寄主 唐松草；成虫吸食梨、柑橘、桃、葡萄等果汁。
分布 大兴安岭：加格达奇、图强；河北、浙江、黑龙江、辽宁、四川、新疆；日本、朝鲜，欧洲。

客来夜蛾 *Chrysorithrum amata* (Bremer & Grey, 1853)

形态 体长22～24毫米；翅展64～67毫米。头部及胸部深褐色；腹部灰褐色；前翅灰褐色，密布棕色细点，基线与内线白色外弯，线间深褐色，成一宽带，环纹为一黑色圆点，肾纹不显，中线细，外弯，前端外侧色暗，外线前半波曲外弯，至3脉返回并升至中室顶角，后与中线贴近并行至后缘，亚端线灰白色，在4脉后明显内弯，外线与亚端线间暗褐色，约呈“Y”字形；后翅暗褐色，中部有一橙黄色曲带，顶角有一黄斑，臀角有一黄纹。

寄主 胡枝子。
分布 大兴安岭：加格达奇、松岭、新林、西林吉；内蒙古、黑龙江、辽宁、山东、云南；日本、朝鲜。

筱客来夜蛾 *Chrysorithrum flavomaculata* (Brtemer, 1861)

形态 体长20～22毫米；翅展50～53毫米。全体暗褐色，腹背带灰色；前翅基部、中区及端区带灰色，基线灰色外弯，内线大波浪形外斜，后端折向内前方，近达1脉再内斜，两线之间棕黑色，环纹小，黑色灰边，中线黑色，微曲外斜，外线及亚端线曲度与客来夜蛾相似，线间棕黑色，形成似“Y”字形，其内臂前端为一三角形黑斑，翅形缘一列黑点；后翅暗褐色，中部一大橙黄斑，约呈肾形。

寄主 豆科。
分布 大兴安岭：新林、西林吉、韩家园；河北、黑龙江；日本。

淡黄美冬夜蛾 *Cirrhia icteritia* (Hufnagel,1766)

形态 翅展32～40毫米。头部与胸部浅黄色，下唇须外侧、额两侧各有黑纹；前翅淡黄色，基线双线红褐色，间断，内线双线红褐色，波浪形，环纹与肾纹红褐边，中线模糊，外线双线，红褐色，锯齿形外弯，前段外侧有一近三角线红褐斑，亚端线黑褐色，间断为点列；后翅黄白色，后缘区带有灰黄色；腹部浅赭黄色。

寄主 不详。
分布 大兴安岭：加格达奇、十八站；黑龙江、青海；欧洲。

齿美冬夜蛾 *Cirrhia tunicate* Graeser,1889

形态 体长14～16毫米；翅展40～42毫米。全体黄色；前翅黄色，基线双线棕色波浪形达1脉，内线双线棕色波浪形外斜，剑纹近圆形，棕色边，环纹大，斜圆形，棕色边，肾纹棕色边，后半有一黑棕圆圈，中线浓棕色，前半二曲，外线双线棕色锯齿形外弯，亚端线棕色锯齿形，稍间断，前端内侧有深棕色斜纹，翅外缘有一列深棕色点，翅脉大部棕色，缘毛黄色间棕色，端部棕色；后翅淡黄色。

寄主 不详。
分布 大兴安岭：塔河、十八站、韩家园；河北、黑龙江、内蒙古；俄罗斯、蒙古。

北峦冬夜蛾 *Conistra filipjevi* Kononenko,1978

形态 成虫翅展36～39毫米。头部黄白色；胸部密布淡棕色长毛；腹部灰黄色短毛。前翅棕红色至棕色，且短宽，前后缘略平行；除亚缘线外，各横线为波浪形弯曲的褐色双线，亚缘线多为不连续线；翅脉多呈灰白色或同底色。后翅短圆，灰色；外缘中部具有突出；新月纹略显内凹陷段。

寄主 不详。
分布 大兴安岭：十八站。

亮首夜蛾 *Craniophora praeclara* (Graeser,1890)

形态 体长14毫米左右；翅展40毫米左右。头部及胸部灰白色杂以黑褐色，下唇须第二节有黑条纹，额中部和端部有黑纹，颈板、翅基片有黑纹，足胫节和跗节有黑纹；腹部黑褐色；前翅灰色微带褐色，基剑纹与中剑纹明显，黑褐色，基线双线黑褐色，达于中室，内线双线黑褐色，波浪形，环纹、肾纹大，中央霉褐色，有白圈，黑边，中线黑褐色双线，细波浪形，有二大弯曲，外侧有一模糊的黑褐色带，外线双线锯齿形，外一线较黑，外侧为一黑褐色带，亚端线灰白色，缘毛黑白相间；后翅淡褐色，隐约可见暗褐色外线。

寄主 不详。
分布 大兴安岭：塔河；黑龙江、吉林；俄罗斯（西伯利亚）。

莴苣冬夜蛾 *Cucullia fraternai* Butler,1878

形态 体长20毫米左右；翅展46毫米左右。头部及胸部灰色，颈板近基部有一黑横线；腹部褐灰色；前翅灰色杂褐色，翅脉黑色，亚中褶基部有一黑色纵线，内线黑色深锯齿形，肾纹隐约可见黑边，其后部弯曲内伸至2脉前，中线暗褐模糊，外线自3脉二曲形达后缘，亚端区有不清晰的黑纹自顶角至4脉，列成斜形，2脉后有一明显黑纹，端线为一列黑色长点；后翅黄白色，翅脉褐色，端区暗褐色，横脉纹暗褐色。

寄主 莴苣。
分布 大兴安岭：加格达奇；黑龙江、吉林、辽宁、浙江；日本。

三斑蕊夜蛾 *Cymatophoropsis trimaculata* (Bremer,1861)

形态 体长15毫米左右；翅展35毫米左右。头部黑褐色；胸部白色，翅基片端半部与后胸褐色；腹部灰褐色，前后端带白色；前翅黑褐色，基部、顶角及臀角各一大斑，底色白，中有暗褐色，基部的斑最大，外缘波曲外弯，斑外缘毛白色，其余黑褐色，2脉端部外缘毛有一白点；后翅褐色，横脉纹及外线暗褐色。

寄主 不详。
分布 大兴安岭：韩家园、十八站、塔河、呼中；河北、黑龙江；日本、朝鲜。

紫金翅夜蛾 *Diachrysia chryson* (Esper, 1789)

形态 体长21毫米左右；翅展42毫米左右。头部黄褐色；翅基片紫棕色，胸背中央有黄褐色毛；腹部淡黄褐色，前三节有黑褐色毛簇；前翅灰紫色，中区及外区在中室以后黑紫色带金色，基线黑色内斜，前端有一弧，肾纹黑色，外方有一斜方形大金斑，外线波浪形，在金斑中褐色，其后紫色，金斑内前方前缘脉上有一黑点，亚端线灰紫色锯齿形；后翅淡褐黄色，外半紫褐色，外线褐色。幼虫绿色，体侧有一列白色斜纹。

寄主 泽兰属、无花果。
分布 大兴安岭：加格达奇、韩家园；黑龙江、浙江；日本、朝鲜，欧洲。

八纹夜蛾 *Diachrysia leonina* (Oberthur, 1884)

形态 成虫翅展37～40毫米。头部黄色；胸部墨绿色至黑色，领片至中胸背部具有橘红色长毛；腹部灰白色，第1-3腹节背部具有墨绿色渐小的毛簇。前翅三角形深绿色至烟绿色；顶角尖锐；外缘顶角后略凹陷；各横线为弯曲内斜线；亚缘线由顶角出发；臀角宽大。后翅宽大，灰白色；外缘区褐色较浓；中线可见；新月纹呈短小线段。

寄主 不详。
分布 大兴安岭：十八站。

钻夜蛾 *Earias chlorana* (Linnaeus, 1761)

形态 体长8毫米左右；翅展19毫米左右。头部及颈板白色，下唇须上缘黑褐色；胸部黄绿色，下胸及足白色，前、中足胫节及跗节微带褐色；腹部白色，背面稍带灰色；前翅黄绿色，前缘区内2/3白色；后翅白色半透明。幼虫白色微带桃红色，背线、亚背线、侧线及气门线均淡褐色，第3、4、6及12体节有一对稍尖的结节。

寄主 柳等。
分布 大兴安岭：十八站；黑龙江、青海、新疆；土耳其，欧洲等。

谐夜蛾 *Emmelia trabealis* Scopoli

别名 白薯绮夜蛾

形态 体长8～10毫米；翅展19～22毫米。头、胸暗赭色，下唇须黄色，额黄白色，颈板基部黄白色，翅基部及胸背有淡黄纹；腹部黄白色，背面微带褐色；前翅黄色，中室后及1脉各有一黑纵条伸至外线，外线黑灰色，粗，起自6脉，环纹、肾纹为黑点，前缘脉有4个黑小斑，顶角有一黑斜条为亚端线前段，然后间断，在5脉成一小黑点，在臀角为一黑曲纹，缘毛白色，有一列黑斑；后翅烟褐色。幼虫淡红褐色，第一、二对腹足退化。

寄主 甘薯、田旋花等。

分布 大兴安岭：十八站；黑龙江、河北、新疆、江苏、广东；欧洲、叙利亚、土耳其、伊朗、日本、朝鲜、阿富汗，非洲。

清夜蛾 *Enargia paleacea* (Esper)

形态 体长18～20毫米；翅展40～46毫米。头、胸及前翅浅褐黄色，有零星红色细点，基线棕色，自前缘脉外斜至亚中褶折角内斜，环纹较大，圆形，有细棕色边线，中线较粗，棕色，自前缘脉至中室下角折角内斜，较模糊，肾纹浅褐黄色，后半有一黑点，边缘黑褐色，外线棕色，亚端线不明显，中段外曲弧形，翅外缘一列黑棕点；后翅淡黄色；腹部黄白色。幼虫头部淡黄色，身体暗绿色带白色，各节间淡黄色，背线及亚背线白色，气门线双线白色，气门周围紫色。

寄主 桦、槲等。

分布 黑龙江、新疆；蒙古、俄罗斯，欧洲。

静纹夜蛾 *Euchalcia cuprea* (Esper,1787)

形态 体长 14 毫米左右；翅展 29 毫米左右。头部及胸部灰色带淡棕色，颈板基部褐黄色；腹部棕色；前翅青灰色带棕，内外线间棕色，基线灰白色，内斜至 1 脉，内线双线灰白色，外斜至中脉折角内斜，环纹灰白边，斜行，外线双线灰白色，较直内斜，亚端线灰白色，微曲，后端内侧有一红褐斑，带金光，端线灰白色；后翅淡棕色，外半色深。幼虫淡蓝色，有黑白色细点。

寄主 疗肺草等。

分布 大兴安岭：十八站；黑龙江；欧洲、亚洲西部。

麟角希夜蛾 *Eucarta virgo* (Treitschke,1835)

形态 体长 13 毫米左右；翅展 27 毫米左右。头部黄褐色，触角褐色，下唇须淡褐色；胸部黄褐色，微带紫灰色；前翅淡灰褐色微带紫色，内线粗，白色，外斜，后端与外线相遇于后缘，内侧衬棕色，环纹白色，斜圆形，前方有一白纹，肾纹白色，外半稍带浅红色，中室除环、肾纹外黑棕色，外线白色，两侧衬黑棕色，曲度与翅外缘相似，外线与肾纹间有一模糊黑棕线，自 7 脉起较粗，与外线平行内斜至 1 脉后，亚端线白色，前段不明显，端区浓褐色，缘毛基部桃红色，端部褐色；后翅白色微带褐色。

寄主 不详。

分布 大兴安岭：十八站；黑龙江；日本、朝鲜、俄罗斯，欧洲。

东风夜蛾 *Eurois occulta* Linnaeus

形态 体长 20 ～ 22 毫米；翅展 53 ～ 57 毫米。头部及胸部灰色杂褐色，翅基片后部有黑点，跗节有白斑；腹部褐灰色；前翅底色灰白，带有褐色并密布黑色细点，翅基部有一小黑斑，亚中褶基部有一黑纵纹，基线双线黑色波浪形达亚中褶，内线双线黑色波浪形外斜，线间白色，剑纹白色黑边，环纹白色斜椭圆形，黑边，前端开放，肾纹白色，中有黑圈，边缘黑色，外线双线黑色锯齿形，线间白色，亚端线白色，内侧有一列楔形黑纹，端线为一列三角形黑点；后翅褐色，缘毛白色。幼虫褐色，背线及亚背线淡黄色，亚背线中有一列斜暗斑，气门线微白。

寄主 报春属、蒲公英属等。
分布 大兴安岭：全区；黑龙江；朝鲜，北美洲、欧洲等。

白边切夜蛾 *Euxoa oberthuri* Leech

别名 白边切根虫

形态 体长18毫米左右；翅展40毫米左右；头部及胸部褐色，颈板中部有一黑线；腹部黑褐色；前翅褐色有紫色调，前缘区淡褐白色，基线黑色间断，内线双线黑色，波浪形外斜，剑纹瘦长，黑边，环纹与肾纹灰色黑边，中央各有褐纹，外线黑色，细锯齿形外弯，外线与肾纹间色较暗，环、肾纹间及环纹内侧均黑色，亚端淡褐色，不规则锯齿形，前端及中段内侧有齿形黑纹，端线黑色；后翅淡褐色，缘毛微白。幼虫头部褐色，身体光滑。

寄主 粟、高粱、玉米、甜菜、苦荬菜、苍耳、车前等。
分布 大兴安岭：加格达奇。黑龙江、河北、内蒙古、四川；朝鲜、日本。

虚切夜蛾 *Euxoa adumbrate* (Eversmann, 1842)

形态 翅展38毫米。头、胸及前翅暗灰色，翅基片内缘杂红棕色，前翅有少许褐灰鳞，各横线赭白色，剑纹端部灰黑色，环、肾纹暗灰色，外线细锯齿形，亚端线不规则锯齿形；后翅白色带褐灰色，端区色暗；腹部灰色。

寄主 不详。
分布 黑龙江、西藏；日本、俄罗斯，中亚地区。

苇实夜蛾 *Heliothis maritima* Graslin, 1855

形态 翅展25～38毫米。头、胸灰褐带霉绿色；前翅霉灰色，内线黑色锯齿形，环纹由3个黑点组成，三角形，肾纹黑棕色，后端越出中室，外围黑色三角形点，中带红褐色，外线锯齿形，黑色，亚端线在各翅脉间现黑点，线内侧带褐色，前端似三角形；后翅赭黄，前、后缘区及亚中褶内黑色，横脉纹巨大，端带黑色；腹部灰褐色。

寄主 芦苇、拟漆姑属植物的花。

分布 大兴安岭：韩家园、图强；黑龙江、河北；日本，欧洲。

花实夜蛾 *Heliothis ononis* ([Denis & Schiffermuller],1775)

形态 体长13毫米左右；翅展30毫米左右。头部及胸部霉绿色带褐色并杂黑色；腹部黑色杂霉绿色，腹面微白；前翅霉绿色微带褐色，布有黑色细点，基部色暗，环纹黑色，肾纹大，霉绿色，有粗黑边，一褐带自肾纹内斜至后缘，外线微曲外斜至3脉折角内斜，亚端线较直内斜，两线之间霉绿色带黑褐，成一宽曲带，端区中段黑褐色，外缘一列黑点；后翅黄白色，横脉纹粗大，黑色斜方形，后缘区黑色，端区一黑色宽带，其内缘二曲，在2、3脉端部有一内缘中凹的黄白斑，缘毛黄白色。幼虫暗绿色，气门黑色有白环。

寄主 亚麻属、芒柄花属等。

分布 大兴安岭：韩家园；黑龙江、青海、华中、西南；俄罗斯，欧洲、美洲。

熏夜蛾 *Hypostrotia cinerea* (Butler,1878)

形态 体长11毫米左右；翅展26毫米左右。头部黑色，额有一白色条纹，颈板黑色，基部白色；胸部淡褐白色，翅基片端部黑棕色；腹部黑灰色，基部白色；前翅黑色带灰白色，前缘区内半部白色，基线白色外弯，内线黑色波浪形外斜，环纹黄白色，中央黑色，肾纹白色斜长方形，中央一黑棕色楔形纹，其前端扩伸至前缘脉，外线仅前缘区明显黑色，外侧衬白色，其后不明显，波浪形，亚端线黑色波浪形，端线黑色；后翅黑色带灰白色，外线、亚端线黑色，后者外侧微白。

寄主 不详。

分布 大兴安岭：塔河、十八站、韩家园；黑龙江；日本。

苹梢鹰夜蛾 *Hypocala subsatura* Guenee, 1852

形态 体长18～21毫米；翅展38～42毫米。头部及胸部褐色；腹部黄色，背面有黑棕色横条；前翅红棕色带灰，密布黑棕细点，内线棕色，波浪形外弯，肾纹黑边，外线黑棕色，波曲外弯，在肾纹后端折向后，亚端线棕色，前端不清，中段外突；后翅黄色，中室端部一大黑斑，亚中褶一黑纵条，端区一黑宽带，在2～3脉端有一黄色圆斑，亚中褶端部一黄点，后缘黑色。本种有二变型，*Ab.aspersa* Btlr. 前翅斑纹显著；*Ab.limbata* Btlr. 前翅前半有一扭角形大黑棕斑，其后缘二曲，衬以白色。

寄主 苹果、栎。
分布 大兴安岭：韩家园；黑龙江、河北、辽宁、江苏、台湾、广东、河南、云南；日本、印度。

苏角剑夜蛾 *Hydraecia petasitis* Doubleday, 1847

形态 体长20～22毫米；翅展46～51毫米。头部及胸部暗棕色，触角上缘灰白色；腹部灰色带暗棕色；前翅暗棕色，外线与亚端线间色较淡，基线黑棕色，只达1脉，内线黑棕色，在中室成一内凸齿，剑纹只隐约一暗棕色轮廓，环纹斜圆，内外侧黑褐边，肾纹灰褐色，黑褐边，中线黑棕色，外弯，外线黑棕色，沿前缘脉后缘外伸至9脉折向内斜，较直，亚端线褐色，不清晰，锯齿形，端线为一列黑棕色新月形点；后翅淡黄色带褐色，翅脉及端线黑棕色。

寄主 不详。
分布 大兴安岭：加格达奇；黑龙江；日本、俄罗斯（西伯利亚）。

虚俚夜蛾 *Koyaga falsa* (Butler, 1885)

形态 体长9毫米左右；翅展20毫米左右。头部及胸部黑褐色杂灰色；腹部淡灰褐色，毛簇黑色；前翅黑色，基部带灰褐色，端区及外线外侧带白色，基线黑色达亚中褶，内线黑色波浪形，环纹灰色，肾纹“8”字形，白色，中有二黑点，中线黑色模糊，外线双线黑色，线间白色，外弯至2脉后垂，亚端线灰白色，中段外弯，端线为一列黑点；后翅褐色。

寄主 不详。
分布 大兴安岭：加格达奇；黑龙江、江苏、江西、四川；日本。

桦安夜蛾 *Lacanobia contigua* (Dents & Schiffermüller, 1775)

形态 体长13～15毫米；翅展33～36毫米。头部及胸部灰色杂黑灰色，额有黑条，颈板中部有一黑横线，足有白斑；腹部褐色；前翅灰色带褐色，亚中褶基部有一黑纵纹，前缘基部有一白斑，基线黑色，内线双线黑色波浪形，剑纹黑边，其后缘有一黑纵纹伸至外线，环纹灰白色，斜圆形，后方有一灰白斑斜至外线，肾纹褐色黑边，外线双线黑色锯齿形，最外一线色弱，齿尖为黑点，外侧各翅脉黑色，亚端线白色，在3、4脉成大锯齿形达外缘，内侧有一列黑尖形纹，端线为一列黑点；后翅淡褐色。幼虫暗黄绿色带黄赭色，有红褐斑点，背面成一列"V"形斑，气门线淡红褐色。

寄主 栎、桦、一枝黄花属等。
分布 大兴安岭：加格达奇；黑龙江、辽宁；日本、俄罗斯（西伯利亚），欧洲。

勒夜蛾 *Laspeyria flexula* (Denis & Schiffermuller, 1775)

形态 体长11毫米左右；翅展29毫米左右。头部及颈板褐色；胸背紫褐灰色；腹部背面灰色带黑色；前翅灰色，密布褐黑色细点，前缘赭色，内线淡黄色，两侧褐色，外斜至亚前缘脉，折向内斜，肾纹为二黑点，边缘白色，呈"8"字形，外线色泽曲度与内线相似，亚端线黄白色，端区色暗，外缘前半带金褐色并有几个黑点；后翅淡黄色，后半密布暗褐色细点。幼虫淡灰色，或带淡绿色或赭色，第9、10节较暗，气门黑色。

寄主 地衣。
分布 大兴安岭：十八站；黑龙江、河北；欧洲。

比夜蛾 *Leucomelas juvenilis* Bremer

形态 体长12～14毫米；翅展33～35毫米。头部、胸部及腹部棕黑色杂少许灰色，下唇须、足及下胸色浅；前翅黑棕色，外区有一乳白色外斜带，外侧外凸于6脉处，向后渐窄，后端达臀角，前缘脉近顶角处有一黄白点，缘毛前半黄白色，臀角处一小段缘毛黄白色；后翅黑棕色，外区有一黄白色带，自6脉斜至1脉端部，顶角处缘毛黄白色。

寄主 不详。
分布 大兴安岭：韩家园；黑龙江。

巨影夜蛾 *Lygephila maxima* (Bremer,1861)

形态 体长22毫米左右；翅展55毫米左右。头部与颈板黑色，额褐色，触角间有一黄色横纹；胸部背面淡褐灰色，有紫色调，散布黑点，足外侧暗褐色；腹部褐色；前翅淡褐灰色，有紫色调，布有暗褐色细横纹，各横线黑褐色，内线、中线及外线前段均较扩展，内线在亚前缘脉折角较直向后，中线三曲形，外线外弯，环纹为一黑点，肾纹由黑色斑纹围成，中央褐灰色，亚端线灰色平缓弯曲，外侧色暗，外缘一列黑点；后翅淡灰褐色，端区带暗褐色，外缘一列黑点。

寄主 不详。
分布 大兴安岭：韩家园；黑龙江；日本、朝鲜、俄罗斯。

蚕豆影夜蛾 *Lygephila viciae* (Hubner,1822)

形态 体长13～15毫米；翅展33～35毫米。头顶及颈板黑褐色，额灰色，下唇须褐色；胸部灰白色，有少许黑点；腹部褐色；前翅灰褐色，内线糊褐色外弯，前端为黑褐斑，肾纹褐色，围以黑色点，亚端线灰色，两线间色较暗，全翅有褐色细纹；后翅淡褐色。本种还有一变型，前翅肾纹周围无黑点，外线明显，前半波浪形外弯，后半细波浪形内斜，为 *Ab.caecula* Stgr.。

寄主 不详。
分布 大兴安岭：加格达奇；河北、黑龙江、新疆、浙江；欧洲。

瘦银锭夜蛾 *Macdunnoughia confusa* (Stephens1850)

别名 瘦连纹夜蛾

形态 体长11～13毫米；翅展31～34毫米。头部及胸部灰色带褐，颈板黄褐色；腹部灰褐色；前翅灰色带褐，布有黑色细点，内、外线间在中室后方红棕色，基线灰色外弯至1脉，内线在中室处不明显，中室后为银色内斜，2脉基部有一扁锭形银斑，外线棕色双线，后半线间银色，肾纹棕色，亚端线暗棕色，后半不明显，外侧带有棕色；后翅黄褐色，端区色暗。

寄主 欧蓍、母菊。

分布 大兴安岭：加格达奇；黑龙江、新疆、陕西；土耳其、叙利亚、伊朗、日本、朝鲜、印度，欧洲等。

银锭夜蛾 *Macdunnoughia crassisigna* (Warren,1913)

别名 连纹夜蛾

形态 体长15～16毫米；翅展35毫米左右。头部及胸部灰黄褐色；腹部黄褐色；前翅灰褐色，斑纹与瘦银锭夜蛾相似，锭形银斑较肥，肾纹外侧有一银色纵线，亚端线细锯齿形；后翅褐色。

寄主 菊、牛蒡、胡萝卜。

分布 大兴安岭：韩家园；黑龙江、河北、陕西、江西；印度、日本、朝鲜。

乌夜蛾 *Melanchra persicariae* (Linnaeus,1761)

形态 体长16～17毫米；展翅39～40毫米。头部及胸部黑色，跗节有白斑；腹部褐色；前翅黑色带褐色，基线、内线均双线黑色，波浪形，环纹黑边，肾纹明显白色，中央有一褐曲纹，中线黑色，外线双线黑色锯齿形，亚端线灰白色，内侧有一列黑色锯齿形纹，端线为一列黑点；后翅白色，翅脉及端区黑褐色，亚端线淡黄色，仅后半明显。幼虫绿色至褐色，背线白色，有两列斜暗斑横行，气门线白色。

寄主 多食性，取食多种低矮草本植物，但秋季也为害柳、桦、楸等木本植物。

分布 大兴安岭：松岭、新林、西林吉；黑龙江、河北、四川；日本、俄罗斯，欧洲。

缤夜蛾 *Moma alpium* Osbeck

别名 高山翠夜蛾

形态 体长13毫米左右；翅展33毫米左右。头部及胸部绿色，额两侧黑色，触角基部白色，有黑环，颈板黑色，端部白色和绿色，翅基片端部黑色，胸部背面有黑毛，下胸及足淡褐色，跗节有褐色和白色斑；腹部淡褐色，毛簇黑色；前翅绿色，前缘脉基部有一黑斑，内线为一黑带，在中室后紧缩并折成一角，环纹黑色，后端为一白点，中线黑色锯齿形，在中室前很粗，肾纹白色，中央及内缘各有一黑色弧线，外线双线黑色，不规则锯齿形，线间为不连贯的白色，外线与内线之间在亚中褶处有一白色宽条，外线外方大部褐色，亚端线黑色，锯齿形，端线为一列三角形黑点，各点内侧均由一白点，缘毛褐白相间；后翅褐色，端区较暗，横脉纹微黑，外线微白，波浪形，后端明显，两侧衬以白色，其外方另一白色衬黑的曲纹。幼虫淡褐赭色，有几条布规则的黄色线，第3～11节背面黑色，4～6节及9节背面有淡黄色或微白的横纹，毛片微红，有褐色或微白的毛簇，头部黑色，有淡黄斑纹。

寄主 栎、桦、山毛榉等。

分布 黑龙江、湖北、江西、四川；日本、朝鲜、俄罗斯，欧洲。

角线秘夜蛾 *Mythimna conigera* (Denis & Schiffermuller, 1775)

别名 角线黏虫

形态 体长11～13毫米；翅展31～33毫米。头部及胸部黄色杂红褐色；腹部褐色；前翅黄色带红褐色，翅脉微黑，内线红棕色，直线外斜至亚中褶，折向内斜，环纹隐约可见黄色，肾纹白色，中部有一黄斑，后端内突，外侧微黑，亚端线黑棕色，在前缘脉后折角内斜，端线红棕色；后翅赭黄色，端区带有褐色。幼虫赭色或淡褐色，背线、亚背线淡黄或浅灰色，黑边，气门线微黑。

寄主 杂草。
分布 大兴安岭：全区；河北、黑龙江、内蒙古。

倭秘夜蛾 *Mythimna monticola* Sugi, 1958

形态 成虫翅展42～48毫米。头、胸、腹棕红色，腹部色较淡。前翅棕红色至棕褐色；内横线和亚缘线明显可见，其他横线多不显；外缘呈黑色小点斑列；肾状纹明显烟黑色或黑色，中央伴有白色点斑；外缘宽弧形。后翅宽大扇形；基半部棕红色至棕红色明显；外半部灰褐色明显。

寄主 杂草。
分布 大兴安岭：加格达奇；黑龙江、湖北、江西、四川；日本、俄罗斯，欧洲。

苍研夜蛾 *Mythimna pallens* (Linnaeus, 1758)

形态 体长14毫米左右；翅展33毫米左右。头部及胸部淡赭黄色，触角干基部白色；腹部淡黄色；前翅淡赭黄色，翅脉黄白色衬以淡黄色，各翅脉间有淡褐色纵纹，中室下角有一黑点，外线仅5脉上现一黑点或完全不显；后翅白色微染淡赭色。幼虫赭色或灰赭色，背线微白，两侧衬以灰色及一淡褐影，亚背线微白，上缘灰色，下缘褐色，侧线和气门下线淡赭色，气门线灰色。

寄主 杂草。
分布 大兴安岭：全区；黑龙江、新疆、宁夏、青海；蒙古，美洲、欧洲。

黏虫 *Mythimna separata* (Walker, 1865)

形态 体长15～17毫米；翅展36～40毫米。头部及胸部灰褐色；腹部暗褐色；前翅灰黄褐色、黄色或橙色，变化较多，内线往往只有几个黑点，环纹、肾纹褐黄色，界限不显著，肾纹后端有一白点，其两侧各一黑点，外线为一列黑点，亚端线自顶角内斜至5脉，端线为一列黑点；后翅暗褐色，向基部渐浅。雄蛾外生殖器的抱器腹很大，鳃盖形，抱器冠有一大刺。幼虫体色多变化，食性杂。

寄主 禾本科为多，主要以麦、粟、高粱、玉米、稻等。
分布 大兴安岭：塔河；全国除新疆、西藏外均有；古北区东部，印澳地区及东南亚一带。

平嘴壶夜蛾 *Oraesia lata* Butler

形态 体长23毫米左右；翅展47毫米左右。头部及胸部灰褐色，下唇须下缘土黄色，端部成平截状；腹部灰褐色；前翅黄褐色带淡紫红色，有细裂纹，基线内斜至中室，内线微曲内斜至后缘基部，中线后半可见内斜，肾纹仅外缘明显深褐色，顶角至后缘凹陷处有一红棕色斜线，亚端区有两暗褐曲线，在翅脉上为黑点；后翅淡黄褐色，外线暗褐色，端区较宽暗褐色。

寄主 柑橘、紫堇、唐松草；成虫吸食果汁。
分布 大兴安岭：新林、韩家园；河北、黑龙江；日本、朝鲜。

黑齿狼夜蛾 *Ochropleura praecurrens* Staudinger

形态 体长20毫米左右；翅展44毫米左右。头部及颈板白色，下唇须第一、二节外侧大部黑色，额两侧有黑斑，颈板基部微带浅绿色，中部有黑色细横线，端部灰色；胸部背面黑灰色杂黑色，翅基片白色，外缘灰色，内缘有黑纵条，足黑灰色有白斑；腹部灰褐色；前翅粉绿色带墨绿色，亚中褶较白，亚端区、端区紫棕色，基线双线黑色，线间粉绿色，外一线在中室前外伸至内线，中室基部一长三角形粉绿斑，其后端与剑纹相接，剑纹大，棒槌形，粉绿色带黑边，内线双线黑色波浪形，外一线穿过剑纹，内一线沿中脉内伸并向前弯成一圈，环纹大，近方形，粉绿色黑边，中央一黑点，肾纹粉绿色带黑边，中央二黑点，两侧凹，呈“8”字形，中线黑色波浪形，外线双线黑色锯齿形，亚端线白色锯齿形，前半内侧有四个黑色楔形纹，后端内侧有二黑纵纹，端线为一列黑点缘毛端部黑白相间；后翅褐色，缘毛黄白色。

寄主 不详。
分布 大兴安岭：加格达奇；黑龙江。

思梦尼夜蛾 *Orthosia cedermarki* (Bryk,1948)

形态 体长14毫米左右；翅展36毫米左右。头部及胸部红褐色；腹部黄白色，侧面及端部带红褐色；前翅红褐色，各横线黄色，内线较直外斜，环纹、剑纹及肾纹均大而黄边，环、剑纹相贴近，外线前段外弯，自8脉起较直内斜，亚端线在7脉折角，在2、3脉微曲，端区翅脉黄色；后翅白色，端区带有红褐色。

寄主 不详。
分布 大兴安岭：加格达奇；黑龙江；日本、朝鲜。

梦尼夜蛾 *Orthosia incerta* (Hufnagel,1766)

别名 杨梦尼夜蛾
形态 体长14毫米左右；翅展39毫米左右。头部及胸部淡褐黄色杂灰色，下唇须外侧杂黑色；腹部褐黄色，背面带褐色；前翅灰褐色，散布细黑点，前后缘区黑点稍密，基线、内线不明显，前端为黑点，环纹、肾纹不明显，后者后半微带黑色，外线锯齿形，在各翅脉上为黑点，亚端线淡黄色，内侧衬黑棕色；后翅污白色。幼虫绿色，有许多淡黄或白色点。

寄主 栎、杨、山楂等。
分布 大兴安岭：加格达奇、韩家园；黑龙江、新疆；土耳其、日本、印度，欧洲。

曲线禾夜蛾 *Oligonyx vulnerata* (Butler,1878)

形态 体长9毫米左右；翅展20毫米左右。头部及胸部暗褐色；腹部褐色，腹面黄白色；前翅自基部至肾纹和外线部分暗褐色，外线外方浅棕色，肾纹与亚端线间灰褐色，约呈

梯形，此处前缘脉上有5个白点，基线、内线及外线黑色，环纹灰褐色，肾纹外半部黄褐色，亚端线灰白色波浪形，端线由一列黑色长点组成；后翅白色带淡褐色，外线褐色。

寄主 不详。
分布 大兴安岭：十八站；河北、黑龙江、江西、湖北；日本、俄罗斯（西伯利亚）。

毛夜蛾 *Panthea coenobita* (Esper, 1785)

形态 体长18～20毫米；翅展50～55毫米。头部黄白色，雄蛾触角双栉形，复眼有细毛，喙不发达，下唇须、额两侧及颈板基部黑色，胸部黄白色，背面有黑纹；腹部黑色，各节末端微黄，腹面黄白色，有黑纹；前翅黄白色，中室基部后方有一黑点，基线为几个黑斑组成，前端外侧有一黑条，内线黑色波浪形，环纹黑色，肾纹边缘黑色，中央密布黑色细点，外线黑色锯齿形，后半内侧衬以白色，亚端线黑色，成不规则锯齿形宽带，翅外缘有不规则锯齿形黑纹，缘毛黑色与黄白色相间；后翅白色带污褐色，翅脉微黑，中室有一褐纹外伸至微黑的带状外线，端线为一列黑纹。幼虫第4和第11体节有淡褐灰色毛簇，背线微白，由白色横纹所间隔，侧面有淡红黄色纹。

寄主 松。
分布 大兴安岭：阿木尔；黑龙江。

戚夜蛾 *Paragabara flavomacula* (Oberthur, 1880)

形态 翅展16～20毫米。头部橙黄色，下唇须第二节背缘饰较长鳞片；颈板橙黄色；胸部背面灰褐色；前翅灰褐色，内线褐色，较直内斜或微外弯，外侧衬灰白色，环纹不显，肾纹橙黄色，细窄，内缘褐色，外线白色，内侧衬褐色，自前缘脉微曲外斜至7脉，折角内斜，亚端线褐色，在7脉及2～5脉间外弯，外线与亚端线间的前缘上有几个白点；后翅灰褐色，端线褐色；腹部黄褐色。

寄主 不详。
分布 大兴安岭：塔河、十八站；黑龙江、河北、江苏；日本、朝鲜。

黄灰梦尼夜蛾 *Perigrapha munda* (Denis & Schiffermuller, 1775)

形态 翅展 40 毫米。头、胸浅褐灰色；前翅浅黄灰色微带褐色，基、内线隐约可见褐色波浪形，环、肾纹较大，褐灰色，亚端线浅黄色，前端内侧黑色，5 脉前、后各一黑点，6 至 8 脉间有二黑点，亚中褶处一黑点；后翅浅赭黄带褐色；腹部浅赭褐色。

寄主 栎、榆、杨、李、柳等。
分布 大兴安岭：加格达奇；黑龙江、内蒙古；日本，欧洲。

白衫夜蛾 *Phlogophora illustrata* (Graeser, 1888)

形态 成虫翅展约 24 ～ 35 毫米。头部烟黑色；胸部黑色；腹部灰白色，向后渐烟黑色。前翅三角形，底色白色；基部烟黑色，后半部具有深黑色 2 斜斑；中部具有一不规则宽带；外缘具有一前半部为青色宽条。后翅烟黑色；有些翅脉黑色略深；臀角呈白色。

寄主 不详。
分布 大兴安岭：呼中；黑龙江。

黄裳银纹夜蛾 *Plusia dives* (Eversmann, 1844)

形态 体长 12 ～ 14 毫米，翅展 26 ～ 32 毫米。头部及胸部褐色，触角基部白色。前翅褐色，前缘在基线及内线端部有银斑；内线在中室处不显，中室后银色，内斜，外连银色边中为褐色的剑纹；环纹及肾纹处均为鲜明的银纹，在 Cu2 脉也有 2 个相应的银斑，以肾纹后的最大；外线前半褐色，后半部黑色，近后缘处有 2 个银纹；亚端线为 1 列黑斑，端部 3 个各成三角形；端线黑色，与亚端线间有中央断开的褐线，缘毛棕褐色。后翅橙黄色，基部微呈黑褐色，端区为黑褐色带，缘毛黄褐色。腹部褐黄色。

寄主 不详。
分布 大兴安岭：加格达奇、韩家园、十八站；黑龙江、河北、青海、内蒙古、西藏；蒙古、俄罗斯。

金斑夜蛾 *Plusia festucae* (Linnaeus, 1758)

形态 体长17毫米左右，翅展38毫米左右。头部及颈板褐红带黄，胸背红棕色；腹部淡赭黄色，基部毛簇棕色；前翅棕色带黄，基部、后缘区、端区带金色并布有红棕细点，内、外线暗棕色，2脉基部有一斜方形金斑及一扁圆金斑，前者伸入中室，近顶角一斜尖金斑，其外缘暗棕色，亚端线暗棕色，从斜斑中穿过，各翅脉棕色，但在中部二斑内不显，缘毛紫灰色；后翅淡灰褐色。幼虫绿色，亚背线、侧线白色，气门线黄色。

寄主 稻、杂草。
分布 大兴安岭：加格达奇；黑龙江、江苏、新疆；欧洲。

稻金斑夜蛾 *Plusia putnami* Grote, 1873

形态 体长16毫米左右；翅展36毫米左右。头部及胸部橘黄色带红褐色，翅基片后半及后胸红褐色；腹部黄褐色；前翅暗黄褐色，翅脉明显棕褐色，前缘区基部、后缘区外半部及端区金色，布满棕色细点，基线褐色，内线双线褐色，三曲形，1～2脉间有二浅色金斑，内一斑斜方形，前端伸入中室，外一斑近三角形，中线褐色，外斜至6脉折向内斜，穿过二金斑之间，外线褐色外弯，在6～7脉处微内凹，前段内侧有一金斑，自顶角至5脉，端线褐色锯齿形，外缘另有二褐线；后翅淡褐黄色，外线及亚端线褐色，不清晰，端线褐色。

寄主 稻、弯嘴薹、宽叶香蒲。
分布 大兴安岭：十八站、韩家园；黑龙江、宁夏；日本、朝鲜。

绿金翅夜蛾 *Plusia zosimi* Hubner

形态 体长16毫米左右；翅展36毫米左右。头顶淡黄色，额棕色；颈板灰色，基部黄色，近端部有一棕线；胸部灰色，翅基片端部棕色，毛簇褐色；腹部灰白色；前翅灰褐色带淡棕，沿中室后方自翅基至外线为一大片金绿色，基线与内线棕色，内线后半内侧有一金棕色斑，环纹黑边，其后一黑弧，肾纹黑边，外线棕色，后段外侧一金绿斑，亚端线棕色，后半不显，端区翅脉棕色，端线棕色；后翅灰色带淡棕色，外线棕色，中部折角。

寄主 不详。
分布 大兴安岭：加格达奇、塔河、图强、韩家园；黑龙江；俄罗斯、日本，欧洲。

蒙灰夜蛾 *Polia bombycina* (Hufnagel,1766)

形态 体长 23 毫米左右；翅展 50 毫米左右。头部及胸部褐色微带灰色；腹部灰褐色，基线、内线均双线黑色，环纹及肾纹褐灰色，黑边，中线暗褐色，外线黑色双线锯齿形，外一线弱，线间色较灰，亚端线灰色，内侧衬暗棕色，端区色较深；后翅黄褐色，端区褐色。

寄主 不详。
分布 大兴安岭：加格达奇；黑龙江、河北、江苏、湖北、青海、新疆；日本、朝鲜、蒙古。

桦灰夜蛾 *Polia contigua* (Schiffermüller)

形态 体长 13 ～ 15 毫米；翅展 33 ～ 36 毫米。头部及胸部灰色杂黑灰色，额有黑条，颈板中部有一黑横线，足有白斑；腹部褐色；前翅灰色带褐色，亚中褶基部有一黑纵纹，前缘基部有一白斑，基线黑色，内线双线黑色波浪形，剑纹黑边，其后缘有一黑纵纹伸至外线，环纹灰白色，斜圆形，后方有一灰白斑斜至外线，肾纹褐色黑边，外线双线黑色锯齿形，外一线弱，齿尖为黑点，外侧各翅脉黑色，亚端线白色，在 3、4 脉成大锯齿形达外缘，内侧有一列黑尖形纹，端线为一列黑点；后翅淡褐色。幼虫暗黄绿色带赭色，有红褐斑点，背面成一列“V”形斑，气门线淡红褐色。

寄主 栎、桦、一枝黄花属等。
分布 黑龙江、辽宁；日本、俄罗斯，欧洲。

灰夜蛾 *Polia nebulosa* Hüfnagel

形态 体长21毫米左右；翅展50毫米左右。头部及胸部白色杂褐色，颈板中部有一黑横线，翅基片边缘有黑线；腹部灰黄色，毛簇端部黑色；前翅灰白色带淡褐色，散布黑色细点，基线双线黑色波浪形达1脉，此处内侧有一黑纵纹，内线双线黑色波浪形外斜，剑纹黑灰色，黑边，环纹近方形，黄白色，两侧黑色，肾纹大，黄白色，黑边，中央有褐圈，外线双线黑色锯齿形，齿尖为黑点，亚端线黄白色，内侧衬黑色，锯齿形，端线为一列三角形黑点；后翅淡褐色，端区褐色。幼虫褐色，侧面暗，背线淡色，有一菱形暗斑横行。

寄主 华、柳、榆属。

分布 大兴安岭：加格达奇；黑龙江、新疆、青海；蒙古、日本、朝鲜。

清文夜蛾 *Pseudeustrotia candidula* (Denis & Schiffermuller, 1775)

形态 体长9毫米左右；翅展20毫米左右。头部及胸部白色杂少许褐色，下唇须外侧褐色；腹部淡褐黄色；前翅白色，基线双线黑色达中脉，外侧一大黑褐斑，内线双线黑色波浪形，后端内侧有黑褐色纹，环纹为二黑点，肾纹灰色白边，周围有不规则形小黑斑，内侧有一褐色斜条伸至前缘脉，外侧及前方亦褐色，外线双线黑色锯齿形，外一线弱，后半不显，在8脉处外侧有一黑斑，亚端区一淡褐带，波曲，前宽后窄，前缘有白斑点，端线为一列黑点；后翅淡褐色，外线褐色。

寄主 不详。

分布 大兴安岭：呼中；河北、黑龙江、新疆；俄罗斯、土耳其、蒙古、日本、朝鲜，欧洲。

淡纹夜蛾 *Pseudeustrotia olivana* (Schiffermuller, 1775)

形态 体长8毫米左右；翅展23毫米左右。头部及胸部淡绿褐色杂白色，额有褐斑；腹部黄白色微带褐色；前翅淡绿褐色，布有黑色细点，前缘脉基部后方有一白纵条，内线为白色外斜带，外侧在中室上有黑点，外线为白色斜带，向后渐窄达臀角，内缘在中室处向内突，亚端线直，白色，接近白色端线；后翅白色带暗褐色。幼虫黄绿色，第一对腹足退化，第二对腹足发育不全。

寄主 早熟禾等。
分布 大兴安岭：十八站、塔河。黑龙江、新疆、内蒙古、江苏；伊朗，欧洲等。

饰夜蛾 *Pseudoips prasinana* (Linnaeus,1758)

形态 翅展33毫米左右。头部及胸部黄绿色，下唇须外侧褐红色，翅基片及后胸带白色；前翅黄绿色，后缘黄色，内线绿色，内侧衬白色，直线内斜，外线绿色，外侧衬白色，直线内斜，亚端线白色，自顶角直线内斜；后翅白色微带黄色；腹部背面黄白色。

寄主 不详。
分布 大兴安岭：十八站；黑龙江；日本，欧洲。

落焰夜蛾 *Pyrrhia hedemanni* (Staudinger,1892)

形态 体长11毫米左右；翅展25毫米左右。头部及胸部淡褐灰色微带霉绿色，下胸及足有桃红色毛；腹部黑褐色，端部褐黄色；前翅灰黄色，中线至外缘带紫红色，尤其中线与外线间最浓，内线隐约可见褐色，波浪形，中线外斜至中室下角，折角内斜，2～4脉基部有隐约的褐斑，外线隐约可见双线褐色，前半稍外弯，自7脉起平稳内斜，亚端线不明显，微现土灰色，缘毛紫红色；后翅淡褐色，外半部较黑褐，缘毛紫红色。

寄主 不详。
分布 大兴安岭：塔河；黑龙江、陕西。

焰夜蛾 *Pyrrhia umbra* (Hufnagel,1766)

形态 体长12毫米，翅展32毫米左右。头、胸部锈黄色，翅基片有一黑纹。前翅锈黄色，有褐色点，端部有一暗黄褐色宽带；基线赤褐色，只达亚中褶；内线赤褐色，大锯齿形；剑纹黄色；环纹黄色，赤褐边；肾纹黄色，中央有一淡褐斑，边缘赤褐色；中线赤褐色，外斜至肾纹后端折角内斜；外线黑棕色，后半部与中线平行；亚端线黑色，锯齿形，稍有间断；端线黑褐色，翅脉赤褐色；外线与亚端线间在前缘脉上有3个白点。后翅黄色，端区形成1个黑色大斑，端线褐色。腹部黄褐色，有黄毛。

寄主 烟草、大豆、油菜、荞麦等。
分布 大兴安岭：加格达奇；黑龙江、内蒙古、河北、青海、新疆、湖北；日本、朝鲜、俄罗斯、印度、伊朗，美洲北部、欧洲。

宽胫夜蛾 *Schinia scutosa* （Goeze,1781）

形态 体长11～15毫米；翅展31～35毫米。头部及胸部灰棕色，下胸白色；腹部灰褐色；前翅灰白色，大部分有褐色点，基线黑色，只达亚中褶，内线黑色波浪形，后半外斜，后端内斜，剑纹大，褐色黑边，中央一淡褐纵线，环纹褐色黑边，肾纹褐色，中央一淡褐曲纹，黑边，外线黑褐色，外斜至4脉前折角内斜，亚端线黑色，不规则锯齿形，外线与亚端线间褐色，成一曲折宽带，中脉及2脉黑褐色，端线为一列黑点；后翅黄白色，翅脉及横脉纹黑褐色，外线黑褐色，端区有一黑褐色宽带，2～4脉端部有二黄白斑，缘毛端部白色。幼虫头部及身体青色，背线及气门线黄色黑边，亚背线有黑斑点。

寄主 艾属、藜属。
分布 大兴安岭：加格达奇；河北、内蒙古、江苏；日本、朝鲜、印度，亚洲中部，美洲北部，欧洲。

棘翅夜蛾 *Scoliopteryx libatrix* Linnaeus

形态 体长16毫米左右；翅展35毫米左右。头部及胸部褐色；腹部灰褐色；前翅灰褐色，布有黑褐色细点，翅基部、中室端部及中室后橘黄色，密布血红色细点，内线白色，前半微外弯，后半直线外斜，环纹为一白点，肾纹为二黑点，外线双线白色，在前缘脉后强外伸，在8脉折成锐角内斜，3脉后为直线，亚端线白色，不规则波曲，端区翅脉及中脉白色，翅尖及外缘后半锯齿形；后翅暗褐色。

寄主 柳、杨。
分布 大兴安岭：新林；黑龙江、辽宁；日本、朝鲜。

干纹夜蛾 *Staurophora celsia* (Linnaeus, 1758)

形态 体长20毫米左右；翅展40毫米左右。头部及胸部粉绿色，下唇须第一、二节褐色，颈板端部及翅基片边缘褐色，后胸毛簇褐色；腹部黄褐色；前翅粉绿色，中部有一树干形棕褐色斑纹，翅基部有一棕褐色斑，顶角、中褶端部及臀角各一三角形褐斑，翅外缘及缘毛棕色；后翅棕褐色，缘毛端部白色。幼虫污黄色，取食草根。

寄主 草根。
分布 大兴安岭：加格达奇、新林、图强、十八站、韩家园；河北、黑龙江、新疆；欧洲。

北方美金翅夜蛾 *Syngrapha ain* (Hochenwarth, 1785)

形态 体长16毫米左右；翅展32毫米左右。头部及胸部黑褐色；腹部背面黑色；前翅灰褐色，基线灰色达1脉，内线灰色，后段内斜，环纹斜圆形，白边，2脉基部有一斜银斑，其前半中央褐色，肾纹暗灰色，两侧黑色，外线双线暗褐色，线间及外侧灰色，前半内侧灰色，在5脉处微外突，然后内斜，亚端线黑色锯齿形，端线褐色；后翅橘黄色，基部及后缘微黑，端区一紫黑带。幼虫红褐色，背线黄色。

寄主 伞形花科。
分布 大兴安岭：加格达奇；黑龙江、新疆、青海；俄罗斯、印度，美洲北部、欧洲。

庸肖毛翅夜蛾 *Thyas juno* (Dalman,1823)

别名 毛翅夜蛾

形态 体长30～33毫米；翅展81～85毫米。头部赭褐色，下唇须第一、二节及下胸红色；腹部红色，背面大部暗灰棕色；前翅赭褐色或灰褐色，布满黑点，前、后缘红棕色，基线红棕色达亚中褶，内线红棕色，前段微曲，自中室起直线外斜，环纹为一黑点，肾纹暗褐边，后部有一黑点，或前半一黑点，后半一黑斑，外线红棕色，直线内斜，后端稍内伸，顶角至臀角有一内曲弧形线，黑色或赭黄色，亚端区有一隐约的暗褐纹，端线为一列黑点；后翅黑色，端区红色，中部有粉蓝色弯钩形纹，外缘中段有密集黑点，后缘毛褐色。

寄主 桦、李、木槿；成虫吸食柑橘、梨、桃、李、苹果等果汁。

分布 大兴安岭：韩家园；黑龙江、河北、辽宁、湖北、浙江、江西、四川；日本、印度。

拟镶夜蛾 *Trichosea ludifica* (Linnaeus,1758)

形态 成虫翅展37～46毫米。头部白色；胸部白色，密布黑色点斑；腹部白色，前半部密布黄色，两侧具有黑色点斑列。前翅底色为白色；外缘宽圆；各横线黑色相连呈网格状；环状纹具有黑框的小圆点斑；翅脉黑色可见。后翅宽圆，底色白色；翅脉黑色可见；后缘黄色。

寄主 不详。

分布 大兴安岭：加格达奇、韩家园；黑龙江。

角后夜蛾 *Xanthomantis cornelia* (Staudinger,1888)

形态 体长16毫米左右；翅展42毫米左右。头部深褐色，复眼有细毛，雄蛾触角双栉形，雌蛾触角微锯齿形；胸部暗褐色，前胸和翅基片端部有黑色条纹，跗节有白环；腹部黑褐色，两侧有黄毛，毛簇黑色；前翅黑褐色微带紫灰色，基线仅中室前有几个黑斑纹，内线双线黑色，在中室前、亚中褶及近后缘各有一外凸，外侧在亚中褶处有一三角形白纹与外线连接，环纹和肾纹均黑色，有白圈，外围黑色，中线粗而模糊，后半波浪形，外线在肾纹前不显，在肾纹后内弯，亚端线微黑，不规则弯曲；后翅杏黄色，横脉纹黑色，椭圆形，端线及缘毛黑色。

寄主 不详。
分布 大兴安岭：加格达奇；黑龙江；俄罗斯。

兀鲁夜蛾 *Xestia ditrapezium* ([Denis & Schiffermuller],1775)

形态 体长 15 毫米左右；翅展 41 毫米左右。头部及胸部淡紫棕色，下唇须第一、二节外侧微黑，额近端部有一白色横线；腹部褐色；前翅淡紫褐色，基线双线黑色，波浪形达 1 脉，外侧亚中褶有一黑斑，内线双线黑色外斜，后端折向内，剑纹黑边，环纹斜椭圆形，前端开放，肾纹暗褐色，中有黑圈，外线双线黑色，细锯齿形，外一线齿尖在翅脉上为黑点，亚端线灰色，内侧有一黑棕线，前端为黑斑，外线至亚端线一段的前缘脉有 3 个潜褐点，端线为一列三角形黑点，内线以外的中室黑色；后翅淡赭黄色，端区色较深。幼虫淡红赭色微带黑，亚背区后半段有一列暗斑，在第 12 节的斑微黑，背线及亚背线色浅，头赭色有褐斑。

寄主 悬钩子属、酸模属、柳属。
分布 大兴安岭：西林吉；河北、黑龙江、新疆；欧洲。

长角蛾科 Adelidae

触角长是本科的显著特征。雄蛾触角往往是翅长的 1.5 ～ 3 倍，雌蛾是 1.25 倍，而且基部有粗鳞片。下颚须长而折叠是 *Nematopogon* 属，其余种类微小，向前伸；唇须粗硬；头顶有长刚毛；翅膜具微刺。雌蛾腹部末节高度几丁质化，形成产卵管，可以把卵产在寄主组织内。成虫喜在日光下缓慢飞舞于花丛上。幼龄幼虫为害花或种子，长大后用两片叶子做成两面凸起的小室，在里面化蛹。幼虫第 6 腹节的原足退化，臀节亦无足。前翅 M 脉明显，1A 脉在边缘清楚，2A 脉基部分叉。R3、R4 脉分离，后翅 M1、M2 脉共柄是 *Adela* 属，前翅 R3、R4 脉共柄，后翅 Rs、M1 脉共柄是 *Nemophora* 属。

大黄长角蛾 *Nemophora amurensis* Alphéraky

形态 翅展 22 ~ 24 毫米。雄触角是翅长的 4 倍，基部紫褐色，端部白色；雌触角短，与翅长相等，近基部 1/2 有紫褐色毛，端部 1/2 白色；唇须短小而下垂；前翅黄色，基部 1/2 有许多条粗细不等的青灰色纵条，向外有一条黄色横带，带两侧又有青灰色带光泽的横带，再向外有 10 条黄色短放射状纹，翅顶和外缘紫褐色；后翅亦呈紫褐色，无花纹。

寄主 不详。

分布 大兴安岭：新林；我国黑龙江、辽宁、吉林；日本等地。

参考文献：

萧刚柔 .1992. 中国森林昆虫 . 北京 : 中国林业出版社 .

中国科学院中国动物志编辑委员会 .1996. 中国动物志 . 昆虫纲 . 第五卷 . 北京 : 科学出版社 .

中国科学院中国动物志编辑委员会 .1998. 中国动物志 . 昆虫纲 . 第十卷 . 北京 : 科学出版社 .

中国科学院中国动物志编辑委员会 .1997. 中国动物志 . 昆虫纲 . 第十一卷 . 北京 : 科学出版社 .

中国科学院中国动物志编辑委员会 .1998. 中国动物志 . 昆虫纲 . 第十二卷 . 北京 : 科学出版社 .

中国科学院中国动物志编辑委员会 .1999. 中国动物志 . 昆虫纲 . 第十五卷 . 北京 : 科学出版社 .

中国科学院中国动物志编辑委员会 .1999. 中国动物志 . 昆虫纲 . 第十六卷 . 北京 : 科学出版社 .

中国科学院中国动物志编辑委员会 .2000. 中国动物志 . 昆虫纲 . 第十九卷 . 北京 : 科学出版社 .

中国科学院中国动物志编辑委员会 .2002. 中国动物志 . 昆虫纲 . 第二十七卷 . 北京 : 科学出版社 .

中国科学院中国动物志编辑委员会 .2003. 中国动物志 . 昆虫纲 . 第三十卷 . 北京 : 科学出版社 .

中国科学院中国动物志编辑委员会 .2003. 中国动物志 . 昆虫纲 . 第三十一卷 . 北京 : 科学出版社 .

中国科学院中国动物志编辑委员会 .2003. 中国动物志 . 昆虫纲 . 第三十二卷 . 北京 : 科学出版社 .

中国科学院中国动物志编辑委员会 .2006. 中国动物志 . 昆虫纲 . 第四十七卷 . 北京 : 科学出版社 .

中国科学院动物研究所 .1983. 中国蛾类图鉴 . Ⅰ～Ⅳ . 北京 : 科学出版社 .